高职高专“十三五”规划教材

建筑工程施工质量验收

高雅琨　主编　　　李仙兰　主审

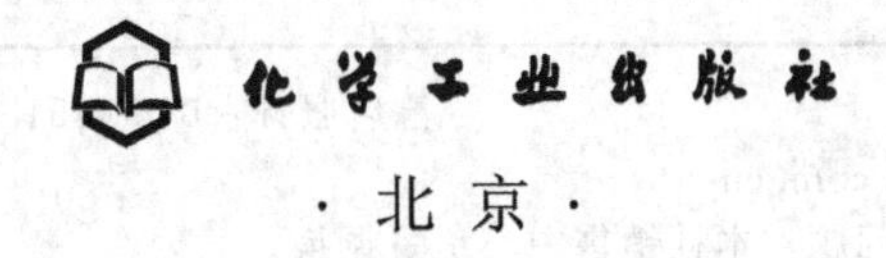

·北京·

本书以国家现行建设工程标准、规范和规程为依据，以施工员、质量员、监理员、材料员、安全员、二级建造师等职业能力的培养为导向，根据编者多年工作经验和教学经验编写而成。

本书的主要内容有建筑工程施工质量验收统一标准、地基与基础工程施工质量验收、主体结构工程施工质量验收、建筑装饰装修工程施工质量验收、建筑屋面工程施工质量验收和建筑节能工程施工质量验收。

本书具有较强的针对性、实用性和通用性，既可作为高等职业教育建筑工程技术、建筑工程管理、工程监理等土建类专业的教学用书，也可作为土建类其他层次职业教育相关专业的培训教材和土建工程技术人员的参考用书。

图书在版编目（CIP）数据

建筑工程施工质量验收/高雅琨主编．—北京：化学工业出版社，2015.12（2021.4 重印）
高职高专“十三五”规划教材
ISBN 978-7-122-25634-8

Ⅰ.①建…　Ⅱ.①高…　Ⅲ.①建设工程-工程验收-高等职业教育-教材　Ⅳ.①TU712

中国版本图书馆 CIP 数据核字（2015）第 264799 号

责任编辑：李仙华　王文峡　　装帧设计：史利平
责任校对：宋　玮

出版发行：化学工业出版社（北京市东城区青年湖南街 13 号　邮政编码 100011）
印　　装：北京虎彩文化传播有限公司
787mm×1092mm　1/16　印张 11　字数 265 千字　　2021 年 4 月北京第 1 版第 2 次印刷

购书咨询：010-64518888　　售后服务：010-64518899
网　　址：http://www.cip.com.cn
凡购买本书，如有缺损质量问题，本社销售中心负责调换。

定　　价：36.00 元

本书根据土建类专业人才培养目标，以施工员、质量员、监理员、材料员、安全员、二级建造师等职业能力的培养为导向，同时遵循高等职业院校学生的认知规律，以专业知识和职业技能、自主学习能力及综合素质培养为课程目标，紧密结合职业资格考试中相关考核要求，确定本书内容。

“建筑工程施工质量验收”课程是一门实践性很强的课程，为此，编者根据多年工作经验和教学经验，坚持“素质为本、能力为主、需要为准、够用为度”的原则对本书进行编写。

本书具有以下特色：内容全面，几乎涵盖了建筑施工技术中的所有内容，全面地介绍了相关知识；采用模块化的编写模式，依据编写原则，考虑读者掌握知识的习惯，打破原有编书格局，更系统、有效地灌输知识要点；语言流畅，通俗易懂，本教材尽量采用通俗易懂的语言进行描述，使读者更容易理解；本书全部采用最新标准、规范，便于查阅使用。

本书既可作为高等职业教育建筑工程技术、建筑工程管理、工程监理等土建类专业的教学用书，也可作为土建类其他层次职业教育相关专业的培训教材和土建工程技术人员的参考用书。

本书由内蒙古建筑职业技术学院高雅琨编写第一章、第二章的第四节和第五章，杨晶编写第二章的第一节、第二节、第三节和第四章，季晓霞编写第三章的第一节和第二节，麻子飞编写第三章的第三节和第六章，李婕、刘仁玲参与编写第一章的第二节。本书由高雅琨任主编，杨晶、季晓霞任副主编。具有丰富实践经验的内蒙古建筑职业技术学院李仙兰教授对本书进行了审阅，提出了许多中肯的意见。

本书在编写过程中，引用了相关专业的文献和资料，并得到了许多同仁的支持，在此一并致谢。

由于编者水平有限，加之时间仓促，书中难免存在不妥之处，恳请广大读者批评指正。

本书提供有 PPT 电子课件，可登录网站 www. cipedu. com. cn 免费获取。

编者

2015 年 10 月

目录

CONTENTS

第一章

建筑工程施工质量验收统一标准

能够学会施工质量验收的划分。

能够熟悉建筑工程质量验收程序。

第一节 建筑工程施工质量验收的划分

1. 施工质量验收层次划分的目的

通过验收批和中间验收层次及最终验收单位的确定，实施对工程施工质量的过程控制和终端把关，确保工程施工质量达到工程项目决策阶段所确定的质量目标和水平。

2. 施工质量验收划分的层次

可将建筑规模较大的单体工程和具有综合使用功能的综合性建筑物工程划分为若干个子单位工程进行验收。在分部工程中，按相近工作内容和系统划分为若干个子分部工程。每个子分部工程中包括若干个分项工程。每个分项工程中包含若干个检验批，检验批是工程施工质量验收的最小单位。

3. 单位工程的划分

单位工程的划分应按下列原则确定：

（1）具备独立施工条件并能形成独立使用功能的建筑物或构筑物为一个单位工程。

（2）对于规模较大的单位工程，可将其能形成独立使用功能的部分划分为一个子单位工程。

单位工程在施工前可由建设、监理、施工单位商议决定，并据此收集整理施工技术资料和进行验收。

4. 分部工程的划分

分部工程的划分应按下列原则确定：

（1）分部工程的划分应按专业性质、工程部位确定。如建筑工程划分为地基与基础、主体结构、建筑装饰装修、建筑屋面、建筑给水排水及采暖、通风与空调、建筑电气、智能建筑、建筑节能、电梯等十个分部工程。如表1-1所示。

（2）当分部工程较大或较复杂时，可按材料种类、施工特点、施工程序、专业系统及类别等划分为若干个子分部工程，或将其中相同部分的工程或能形成独立专业体系的工程划分为若干个子分部工程。

5. 分项工程的划分

分项工程应按主要工种、材料、施工工艺、设备类别等进行划分。如混凝土结构工程中按主要工种分为模板工程、钢筋工程、混凝土工程等分项工程；按施工工艺又分为预应力、现浇结构、装配式结构等分项工程。如表1-1所示。

6. 检验批的划分

分项工程可由一个或若干个检验批组成，检验批可根据施工及质量控制和专业验收需要按楼层、施工段、变形缝等进行划分。

（1）建筑工程的地基与基础分部工程中的分项工程一般划分为一个检验批，有地下层的基础工程可按不同地下层划分检验批；

（2）屋面分部工程中的分项工程按不同楼层屋面可划分为不同的检验批；

（3）单层建筑工程中的分项工程可按变形缝等划分检验批，多层及高层建筑工程中主体分部分项工程可按楼层或施工段来划分检验批；

（4）其他分部工程中的分项工程一般按楼层划分检验批；

表 1-1　建筑工程的分部工程、分项工程划分

序号	分部工程	子分部工程	分项工程
1	地基与基础	无支护土方	土方开挖、土方回填
		有支护土方	排桩、降水、排水、地下连续墙、锚杆、土钉墙、水泥土桩、沉井与沉箱、钢筋混凝土支撑
		地基处理	灰土地基、砂和砂石地基、碎砖三合土地基、土工合成材料地基、粉煤灰地基、重锤夯实地基、强夯地基、振冲地基、砂桩地基、预压地基、高压喷射注浆地基、土和灰土挤密桩地基、注浆地基、水泥粉煤灰碎石桩地基、夯实水泥土桩地基
		桩基	锚杆静压桩及静力压桩、预应力离心管桩、钢筋混凝土预制桩、钢桩、混凝土灌注桩(成孔、钢筋笼、清孔、水下混凝土灌注)
		地下防水	防水混凝土、水泥砂浆防水层、卷材防水层、涂料防水层、金属板防水层、塑料板防水层、细部构造、喷锚支护、复合式衬砌、地下连续墙、盾构法隧道;渗排水、盲沟排水、隧道排水、坑道排水;预注浆、后注浆、衬砌裂缝注浆
		混凝土基础	模板、钢筋、混凝土、后浇带混凝土、混凝土结构缝处理
		砌体基础	砖砌体、混凝土砌块、配筋砌体、石砌体
		劲钢(管)混凝土	劲钢(管)焊接、劲钢(管)与钢筋的连接、混凝土
		钢结构	焊接钢结构、栓接钢结构、钢结构制作、钢结构安装、钢结构涂装
2	主体结构	混凝土结构	模板、钢筋、混凝土,预应力、现浇结构、装配式结构
		劲钢(管)混凝土结构	劲钢(管)焊接、螺栓连接、劲钢(管)与钢筋的连接,劲钢(管)制作、安装,混凝土
		砌体结构	砖砌体、混凝土小型空心砌块砌体、石砌体、填充墙砌体、配筋砖砌体
		钢结构	钢结构焊接、紧固件连接、钢零部件加工、单层钢结构安装、多层及高层钢结构安装、钢结构涂装、钢构件组装、钢构件预拼装、钢网架结构安装、压型金属板
		木结构	方木和原木结构、胶合木结构、轻型木结构、木构件防护
		网架和索膜结构	网架制作、网架安装、索膜安装、网架防火、防腐涂料
3	建筑装饰装修	地面	整体面层:基层、水泥混凝土面层、水泥砂浆面层、水磨石面层、防油渗面层、水泥钢(铁)屑面层、不发火(防爆的)面层; 板块面层:基层、砖面层(陶瓷锦砖、缸砖、陶瓷地砖和水泥花砖面层)、大理石面层和花岗岩面层,预制板块面层(预制水泥混凝土、水磨石板块面层)、料石面层(条石、块石面层)、塑料板面层、活动地板面层、地毯面层; 木竹面层:基层、实木地板面层(条材、块材面层)、实木复合地板面层(条材、块材面层)、中密度(强化)复合地板面层(条材面层)、竹地板面层
		抹灰	一般抹灰、装饰抹灰、清水砌体勾缝
		门窗	木门窗制作与安装、金属门窗安装、塑料门窗安装、特种门安装、门窗玻璃安装
		吊顶	暗龙骨吊顶、明龙骨吊顶
		轻质隔墙	板材隔墙、骨架隔墙、活动隔墙、玻璃隔墙
		饰面板(砖)	饰面板安装、饰面砖粘贴
		幕墙	玻璃幕墙、金属幕墙、石材幕墙
		涂饰	水性涂料涂饰、溶剂型涂料涂饰、美术涂饰
		裱糊与软包	裱糊、软包
		细部	橱柜制作与安装,窗帘盒、窗台板和暖气罩制作与安装,门窗套制作与安装,护栏和扶手制作与安装,花饰制作与安装

续表

序号	分部工程	子分部工程	分项工程
4	建筑屋面	卷材防水屋面	保温层、找平层、卷材防水层、细部构造
		涂膜防水屋面	保温层、找平层、涂膜防水层、细部构造
		刚性防水屋面	细石混凝土防水层、密封材料嵌缝、细部构造
		瓦屋面	平瓦屋面、油毡瓦屋面、金属板屋面、细部构造
		隔热屋面	架空屋面、蓄水屋面、种植屋面
5	建筑给水排水及采暖	详见《建筑工程施工质量验收统一标准》(GB 50300—2013)附录 B	
6	建筑电气	详见《建筑工程施工质量验收统一标准》(GB 50300—2013)附录 B	
7	通风与空调	详见《建筑工程施工质量验收统一标准》(GB 50300—2013)附录 B	
8	智能建筑	详见《建筑工程施工质量验收统一标准》(GB 50300—2013)附录 B	
9	电梯	详见《建筑工程施工质量验收统一标准》(GB 50300—2013)附录 B	

(5) 对于工程量较少的分项工程可统一划分为一个检验批；

(6) 安装工程一般按一个设计系统或组别划分为一个检验批；

(7) 室外工程统一划分为一个检验批；

(8) 散水、台阶、明沟等含在地面检验批中。

7. 室外工程的划分

为了加强室外工程的管理和验收，促进室外工程质量的提高，将室外工程根据专业类别和工程规模划分为室外建筑环境和室外安装两个单位工程，进一步分成附属建筑、室外环境、给水排水与采暖和电气等子单位工程。为了保证分项、分部、单位工程的划分、检查、评定和验收，应将其作为施工组织设计的一个组成部分，事前给予明确的规定。如表 1-2 所示。

表 1-2 室外工程的划分

单位工程	子单位工程	分部(子分部)工程
室外建筑环境	附属建筑	车棚、围墙、大门、挡土墙、垃圾收集站
	室外环境	建筑小品、道路、亭台、连廊、花坛、场坪绿化
室外安装	给水排水与采暖	室外给水系统、室外排水系统、室外供热系统
	电气	室外供电系统、室外照明系统

第二节 建筑工程施工质量验收

一、检验批的质量验收

1. 检验批合格质量规定

(1) 主控项目和一般项目的质量经抽样检验合格。

(2) 具有完整的施工操作依据、质量检查记录。

从上面的规定可以看出，检验批的质量验收包括了质量资料的检查和主控项目、一般项目的检验两方面的内容。

检验批的合格与否主要取决于对主控项目和一般项目的检验结果。主控项目是对检验批的基本质量起决定性影响的检验项目，须从严要求，因此要求主控项目必须全部符合有关专业验收规范的规定，这意味着主控项目不允许有不符合要求的检验结果。对于一般项目，虽然允许存在一定数量的不合格点，但某些不合格点的指标与合格要求偏差较大或存在严重缺陷时，仍将影响使用功能或观感质量，对这些部位应进行维修处理。

为了使检验批的质量满足安全和功能的基本要求，保证建筑工程质量，各专业验收规范应对各检验批的主控项目、一般项目的合格质量给予明确的规定。

2. 检验批按规定验收

（1）资料检查。

（2）主控项目和一般项目的检验。

（3）检验批的抽样方案。

（4）检验批的质量验收记录，并按表 1-3 记录。

3. 检验批的验收程序和组织

检验批由专业监理工程师组织项目专业质量检验员等进行验收。

表 1-3 检验批质量验收记录

______检验批质量验收记录　　　　编号：______

<table>
<tr><td colspan="3">单位(子单位)
工程名称</td><td></td><td>分部(子分部)
工程名称</td><td></td><td>分项工程
部位</td><td></td></tr>
<tr><td colspan="3">施工单位</td><td></td><td>项目负责人</td><td></td><td>检验批容量</td><td></td></tr>
<tr><td colspan="3">分包单位</td><td></td><td>分包单位项目
负责人</td><td></td><td>检验批部位</td><td></td></tr>
<tr><td colspan="3">施工依据</td><td colspan="3"></td><td>验收依据</td><td></td></tr>
<tr><td colspan="3">验收项目</td><td>设计要求及规范规定</td><td>最小/实际抽样数量</td><td colspan="2">检查记录</td><td>检查结果</td></tr>
<tr><td rowspan="10">主控项目</td><td>1</td><td></td><td></td><td></td><td colspan="2"></td><td></td></tr>
<tr><td>2</td><td></td><td></td><td></td><td colspan="2"></td><td></td></tr>
<tr><td>3</td><td></td><td></td><td></td><td colspan="2"></td><td></td></tr>
<tr><td>4</td><td></td><td></td><td></td><td colspan="2"></td><td></td></tr>
<tr><td>5</td><td></td><td></td><td></td><td colspan="2"></td><td></td></tr>
<tr><td>6</td><td></td><td></td><td></td><td colspan="2"></td><td></td></tr>
<tr><td>7</td><td></td><td></td><td></td><td colspan="2"></td><td></td></tr>
<tr><td>8</td><td></td><td></td><td></td><td colspan="2"></td><td></td></tr>
<tr><td>9</td><td></td><td></td><td></td><td colspan="2"></td><td></td></tr>
<tr><td>10</td><td></td><td></td><td></td><td colspan="2"></td><td></td></tr>
<tr><td rowspan="5">一般项目</td><td>1</td><td></td><td></td><td></td><td colspan="2"></td><td></td></tr>
<tr><td>2</td><td></td><td></td><td></td><td colspan="2"></td><td></td></tr>
<tr><td>3</td><td></td><td></td><td></td><td colspan="2"></td><td></td></tr>
<tr><td>4</td><td></td><td></td><td></td><td colspan="2"></td><td></td></tr>
<tr><td>5</td><td></td><td></td><td></td><td colspan="2"></td><td></td></tr>
<tr><td colspan="3">施工单位
检查结果</td><td colspan="5">专业工长：
项目专业质量检验员：
年　月　日</td></tr>
<tr><td colspan="3">监理单位
验收结论</td><td colspan="5">专业监理工程师：
年　月　日</td></tr>
</table>

二、分项工程质量验收

1. 分项工程质量验收合格应符合的规定

(1) 分项工程所含的检验批均应符合合格质量的规定。

(2) 分项工程所含的检验批的质量验收记录应完整。

2. 分项工程质量验收记录

分项工程质量应由专业监理工程师（建设单位项目专业技术负责人）组织项目专业技术负责人等进行验收，并按表 1-4 记录。

表 1-4 分项工程质量验收记录

__________分项工程质量验收记录　　　　编号：______

单位(子单位)工程名称		分部(子分部)工程名称		分项工程部位	
分项工程数量		检验批数量			
施工单位		项目负责人		项目技术负责人	
分包单位		分包单位项目负责人		分包内容	
序号	检验批名称	检验批容量	部位/区段	施工单位检查结果	监理单位验收结论
1					
2					
3					
4					
5					
6					
7					
8					
9					
10					
11					
12					
13					
14					
15					
说明：					
施工单位检查结果	项目专业质量检验员： 年　月　日				
监理单位验收结论	专业监理工程师： 年　月　日				

3. 分项工程的验收程序与组织

分项工程由专业监理工程师组织项目专业技术负责人等进行验收。

检验批和分项工程是建筑工程施工质量的基础，因此，所有检验批和分项工程均应由监理工程师或建设单位项目技术负责人组织验收。验收前，施工单位先填好“检验批和分项工程的验收记录”，并由项目专业质量检验员和项目专业技术负责人分别在检验批和分项工程质量检验记录的相关栏目中签字，然后由监理工程师组织，严格按规定的程序进行验收。

三、分部（子分部）工程质量验收

1. 分部（子分部）工程质量验收合格应符合的规定

（1）分部（子分部）工程所含分项工程的质量均应验收合格。

（2）质量控制资料应完整。

（3）有关安全、节能、环境保护和主要使用功能的抽样检测结果应符合相应的规定。

（4）观感质量验收应符合要求。

分部工程的验收在其所含各分项工程验收的基础上进行。

观感质量验收：以观察、触摸或简单量测的方式进行，并由个人的主观印象判断，综合给出质量评价。

评价的结论：“好”、“一般”和“差”三种。

“差”的检查点应通过返修处理等进行补救。

2. 分部（子分部）工程质量验收记录

分部（子分部）工程质量应由总监理工程师（建设单位项目专业负责人）组织施工项目经理和有关勘察、设计单位的项目负责人进行验收，并按表 1-5 记录。

3. 分部工程的验收程序与组织

分部工程应由总监理工程师（建设单位项目负责人）组织施工单位项目负责人和项目技术、质量负责人等进行验收；由于地基基础、主体结构技术性能要求严格，技术性强，关系整个工程的安全，因此规定：与地基基础、主体结构分部工程相关的勘察、设计单位工程的项目负责人和施工单位技术、质量部门的负责人也应参加相关分部工程验收。

四、单位（子单位）工程质量验收

1. 单位（子单位）工程质量验收合格应符合的规定

（1）构成单位工程的各部分工程应验收合格。

（2）有关的质量控制资料应完整。

（3）涉及安全、节能、环境保护和主要使用功能的分部工程的检验资料应复查合格，这些检验资料与质量控制资料同等重要。资料复查要全面检查其完整性，不得有漏检缺项，其次复核分部工程验收要补充进行的见证抽样检验报告，这体现了对安全和主要使用功能等的重视。

（4）主要使用功能的抽查结果应符合相关专业验收规范的规定。

（5）观感质量应通过验收。观感质量检查须由参加验收的各方人员共同进行，最后共同协商确定是否通过验收。

表 1-5 分部工程质量验收记录

________分部工程质量验收记录　　　编号：________

<table>
<tr><td colspan="2">单位(子单位)
工程名称</td><td colspan="2"></td><td>子分部工程
数量</td><td></td><td>分项工程
数量</td><td></td></tr>
<tr><td colspan="2">施工单位</td><td colspan="2"></td><td>项目负责人</td><td></td><td>技术(质量)
负责人</td><td></td></tr>
<tr><td colspan="2">分包单位</td><td colspan="2"></td><td>分包单位
负责人</td><td></td><td>分包内容</td><td></td></tr>
<tr><td>序号</td><td>子分部
工程名称</td><td>分项工程
名称</td><td>检验批
数量</td><td colspan="2">施工单位检查结果</td><td colspan="2">监理单位验收结论</td></tr>
<tr><td>1</td><td></td><td></td><td></td><td colspan="2"></td><td colspan="2"></td></tr>
<tr><td>2</td><td></td><td></td><td></td><td colspan="2"></td><td colspan="2"></td></tr>
<tr><td>3</td><td></td><td></td><td></td><td colspan="2"></td><td colspan="2"></td></tr>
<tr><td>4</td><td></td><td></td><td></td><td colspan="2"></td><td colspan="2"></td></tr>
<tr><td>5</td><td></td><td></td><td></td><td colspan="2"></td><td colspan="2"></td></tr>
<tr><td>6</td><td></td><td></td><td></td><td colspan="2"></td><td colspan="2"></td></tr>
<tr><td>7</td><td></td><td></td><td></td><td colspan="2"></td><td colspan="2"></td></tr>
<tr><td>8</td><td></td><td></td><td></td><td colspan="2"></td><td colspan="2"></td></tr>
<tr><td colspan="4">质量控制资料</td><td colspan="2"></td><td colspan="2"></td></tr>
<tr><td colspan="4">安全和功能检验结果</td><td colspan="2"></td><td colspan="2"></td></tr>
<tr><td colspan="4">观感质量检验结果</td><td colspan="2"></td><td colspan="2"></td></tr>
<tr><td colspan="2">综合验收结论</td><td colspan="4"></td><td colspan="2"></td></tr>
<tr><td colspan="2">施工单位
项目负责人：
年　月　日</td><td colspan="2">勘察单位
项目负责人：
年　月　日</td><td colspan="2">设计单位
项目负责人：
年　月　日</td><td colspan="2">监理单位
总监理工程师：
年　月　日</td></tr>
</table>

2. 单位（子单位）工程质量竣工验收记录

单位工程应由建设单位负责人组织施工（含分包）、设计、监理等单位（项目）负责人进行验收，并按表1-6记录。

表1-6 单位工程质量竣工验收记录

________________单位工程质量验收记录

工程名称		结构类型		层数/建筑面积	
施工单位		技术负责人		开工日期	
项目负责人		项目技术负责人		完工日期	
序号	项目	验收记录		验收结论	
1	分部工程验收	共　　分部，经查符合设计及标准、规定　　分部			
2	质量控制资料核查	共　　项，经核查符合规定　　项			
3	安全和使用功能核查及抽查结果	共核查　　项，符合规定　　项，共抽查　　项，符合规定　　项，经返工处理符合规定　　项			
4	观感质量验收	共抽查　　项，达到“好”和“一般”的项，经返修处理符合要求的　　项			
综合验收结论					
参加验收单位	施工单位 项目负责人： 年　月　日	勘察单位 项目负责人： 年　月　日	设计单位 项目负责人： 年　月　日	监理单位 总监理工程师： 年　月　日	

3. 单位（子单位）工程的验收程序与组织

(1) 竣工初验收的程序　当单位工程达到竣工验收条件后，施工单位应在自查、自评工作完成后，填写工程竣工报验单，并将全部竣工资料报送项目监理机构，申请竣工验收。总监理工程师应组织各专业监理工程师对竣工资料及各专业工程的质量情况进行全面检查，对检查出的问题，应督促施工单位及时整改。对需要进行功能试验的项目（包括单机试车和无负荷试车），监理工程师应督促施工单位及时进行试验，并对重要项目进行监督、检查，必要时请建设单位和设计单位参加；监理工程师应认真审查试验报告单，并督促施工单位搞好成品保护和现场清理。

经项目监理机构对竣工资料及实物全面检查、验收合格后，由总监理工程师签署工程竣工报验单，并向建设单位提出质量评估报告。

(2) 正式验收　建设单位收到工程验收报告后，应由建设单位（项目）负责人组织施工（含分包单位）、设计、监理等单位（项目）负责人进行单位（子单位）工程验收。单位工程由分包单位施工时，分包单位对所承包的工程项目应按规定的程序检查评定，总包单位应派人参加。分包工程完成后，应将工程的有关资料交总包单位。建设工程的经验收合格的，方可交付使用。如表1-7、表1-8所示。

表1-7 单位工程验收程序

序号	施工质量验收层次	验收组织人员	验收参加人员	工程质量验收合格规定	执行的规范
1	检验批质量验收	监理工程师或建设单位项目技术负责人	施工单位项目专业质量检验员和项目专业技术负责人	(1)主控项目和一般项目的质量经抽样检验合格 (2)具有完整的施工操作依据、质量检查记录	《建筑地基基础工程施工质量验收规范》(GB 50202—2002)、《砌体结构工程施工质量验收规范》(GB 50203—2011)、《混凝土结构工程施工质量验收规范》(GB 50204—2015)、《钢结构工程施工质量验收规范》(GB 50205—2001)、《木结构工程施工质量验收规范》(GB 50206—2012)、《屋面工程质量验收规范》(GB 50207—2012)、《地下防水工程质量验收规范》(GB 50208—2011)、《建筑地面工程施工质量验收规范》(GB 50209—2010)、《建筑装饰装修工程质量验收规范》(GB 50210—2001)、《建筑给水排水及采暖工程施工质量验收规范》(GB 50242—2002)、《通风与空调工程施工质量验收规范》(GB 50243—2002)
2	分项工程质量验收	监理工程师或建设单位项目技术负责人	施工单位项目专业质量检验员和项目专业技术负责人	(1)分项工程所含的检验批均应符合合格质量规定 (2)分项工程所含的检验批的质量验收记录应完整	
3	分部(子分部)工程质量验收	总监理工程师或建设单位项目负责人	施工单位项目负责人、技术质量负责人，勘察、设计单位项目负责人、施工单位技术质量部门负责人	(1)分部(子分部)工程所含分项工程的质量均应验收合格 (2)质量控制资料应完整 (3)地基与基础、主体结构和设备安装等分部工程有关安全及功能的检验和抽样检测结果应符合有关规定 (4)观感质量验收应符合要求	
4	单位(子单位)工程验收	建设单位(项目)负责人	施工(含分包)单位(项目)负责人，设计、监理等单位(项目)负责人	(1)单位(子单位)工程所含分部(子分部)工程的质量应验收合格 (2)质量控制资料应完整 (3)单位(子单位)工程所含分部工程有关安全和功能的检验资料应完整 (4)主要功能项目的抽查结果应符合相关专业质量验收规范的规定 (5)观感质量验收应符合要求	《建筑电气工程施工质量验收规范》(GB 50303—2002)、《智能建筑工程施工质量验收规范》(GB 50339—2013)、《电梯工程施工质量验收规范》(GB 50310—2002)、《建筑节能工程施工质量验收规范》(GB 50411—2007)、《建筑工程施工质量验收统一标准》(GB 50300—2013)

表1-8 施工质量自检评定验收程序关系对照表

序号	验收层次	验收表的名称	质量自检人员	质量自检评定人员	
				验收组织人	参加验收人员
1	施工现场质量管理检查	施工现场质量管理检查记录表	项目经理	项目经理	项目技术负责人、分包单位负责人

续表

序号	验收层次	验收表的名称	质量自检人员	质量自检评定人员	
				验收组织人	参加验收人员
2	检验批质量验收	检验批质量验收记录表	班组长	项目专业质量检查员	班组长、分包项目技术负责人、项目技术负责人
3	分项工程质量验收	分项工程质量验收记录表	班组长	项目专业技术负责人	班组长项目技术负责人、分包项目技术负责人、项目专业质量检查员
4	分部、子分部工程质量验收	分部、子分部工程质量验收记录表	项目经理、分包单位项目经理	项目经理	项目专业技术负责人、分包项目技术负责人、勘察、设计单位项目负责人、建设单位项目专业负责人
5	单位、子单位工程质量竣工验收	单位、子单位工程质量竣工验收记录	项目经理	项目经理或施工单位负责人	项目经理、分包单位项目经、设计单位项目负责人、企业技术、质量部门
		单位、子单位工程质量控制资料核查记录表	项目技术负责人	项目经理	分包单位项目经理、监理工程师、项目技术负责人、企业技术、质量部门
		单位、子单位工程安全和功能检验资料核查及主要功能抽查记录表	项目技术负责人	项目经理	分包单位项目经理、项目技术负责人、监理工程师、企业技术、质量部门
		单位、子单位工程观感质量检查记录表	项目技术负责人	项目经理	分包单位项目经理、项目技术负责人、监理工程师、企业技术、质量部门

（3）验收程序

1）监理单位组织到会人员签名。

2）主持人介绍参加会议人员（单位、职务）。

3）主持人宣布组成验收组及专业组的人员名单（组长须由建设单位人员担任）。

4）建设单位汇报工程合同履约情况，执行法律、法规情况。

5）施工单位宣读施工总结报告，汇报工程合同履约情况，介绍执行法律、法规和工程建设强制性标准情况。

6）监理单位宣读质量评估报告，汇报工程合同履约情况，介绍执行法律、法规和工程建设强制性标准情况，汇报初验存在问题的整改结果。

7）勘察单位宣读勘察文件质量检查报告，介绍工程合同履约情况，介绍执行法律、法规和工程建设强制性标准情况。

8）设计单位宣读设计文件质量检查报告，介绍工程合同履约情况，介绍执行法律、法规和工程建设强制性标准情况（强调施工图经审图机构审查情况、设计变更的复核情况、是否体现设计意图）。

9）专业组成员现场查验工程质量及审阅建设、勘察、设计、施工、监理单位的工程档案资料。

10）专业组发表意见（由组长综合组员意见统一发表，也可由各组的建设、勘察、设计、监理单位人员各自发表意见）。

① 建筑工程：现场观感、门窗安装、屋面防水、栏杆高度是否符合工程建设强制性

标准。

② 设备安装：水电试用试运行，安装工艺观感。

③ 工程资料：工程建设前期法定建设程序文件，工程综合管理资料，各分部工程资料，竣工图，备案资料。

11）建管科代表发言。

12）安监站代表发言。

13）质监站代表发言。

14）主持人询问在场人员有无异议。

15）主持人宣布验收结论（应包括以下内容）。

① 本工程已完成建设工程设计和合同约定的各项内容。

② 符合工程建设强制性标准规定的要求。

③ 各分部（子分部）工程的质量均经验收合格。

④ 质量控制资料完整。

⑤ 各分部工程有关安全和功能的检测资料完整。

⑥ 主要功能项目的抽查结果符合相关专业质量验收规范的规定。

⑦ 观感质量验收符合规定的要求。

⑧ 建设、勘察、设计、施工、监理单位一致通过本工程竣工验收，并评为合格工程。

（4）建设工程竣工验收应当具备下列条件：

1）完成建设工程设计和合同约定的各项内容。

2）有完整的技术档案和施工管理资料。

3）有工程使用的主要建筑材料、建筑构配件和设备的进场试验报告。

4）有勘察、设计、施工、工程监理等单位分别签署的质量合格文件。

5）有施工单位签署的工程保修书。

在竣工验收时，对某些剩余工程和缺陷工程，在不影响交付的前提下，经建设单位、设计单位、施工单位和监理单位协商，施工单位应在竣工验收后的限定时间内完成。

参加验收各方对工程质量验收意见不一致时，可请当地建设行政主管部门或工程质量监督机构协调处理。

（5）单位工程竣工验收备案　单位工程质量验收合格后，建设单位应在规定的时间内将工程竣工验收报告和有关文件，报建设行政管理部门备案。

1）凡在中华人民共和国境内新建、扩建、改建各类房屋建筑工程和市政基础设施工程的竣工验收，均应按有关规定进行备案。

2）国务院建设行政主管部门和有关专业部门负责全国工程竣工验收的监督管理工作。县级以上地方人民政府建设行政主管部门负责本行政区域内工程的竣工验收备案管理工作。

五、工程施工质量不符合要求时的处理

（1）经返工重做或更换器具、设备检验批，应重新进行验收。

（2）经有资质的检测单位鉴定达到设计要求的检验批，应予以验收。

（3）经有资质的检测单位鉴定达不到设计要求，但经原设计单位核算认可，能满足结构安全和使用功能的检验批，可予以验收。

（4）经返修或加固的分项、分部工程，虽然改变外形尺寸但仍能满足安全使用要求，可

按技术处理方案和协商文件进行验收。

（5）通过返修或加固仍不能满足安全使用要求的分部工程、单位（子单位）工程，严禁验收。

能力训练题

一、填空题

1. 检验批可根据施工及质量控制和专业验收，可按________、________、________来划分。

2. 室外工程可根据________和________划分单位工程。

3. 分部工程的划分应按________和________确定。

4. 分项工程应按主要________、________、________及________等进行划分。

5. 混凝土结构分为________、________、________、________、________及________等分项工程。

二、简答题

1. 建筑工程质量不符合要求时，如何进行处理？

2. 单位工程施工验收的程序有哪些？

3. 试述分部工程质量验收合格的标准。

4. 试述单位工程质量验收合格的标准。

5. 列举教学楼包括哪些分部工程、分项工程和检验批工程。

三、施工工程质量验收案例分析题

1. 背景

某市南苑北里小区22号楼为6层混合结构住宅楼，设计采用混凝土小型砌块砌筑，墙体加芯柱，竣工验收合格后，用户入住。但用户在使用过程中，发现墙体中没有芯柱，只发现了少量钢筋，而没有混凝土浇筑，最后经法定检测单位采用红外线照相法统计发现大约有82％墙体中未按设计要求加芯柱，只在一层部分墙体中有芯柱，造成了重大的质量隐患。

2. 问题

（1）该混合结构住宅楼达到什么条件，方可竣工验收？

（2）试述该工程质量验收的基本要求。

（3）该工程已交付使用，施工单位是否需要对此问题承担责任？为什么？

第二章

地基与基础工程施工质量验收

能够学会土方开挖施工质量验收。
熟悉边坡支护施工质量验收。
能够学会土方回填施工质量验收。

案例导读

某工程基坑四周均采用放坡，坡度为1∶0.3，边坡采用土钉墙锚喷支护。土方开挖采用机械大开挖，人工配合清除基底预留土层。基础工程完工后，进行土方回填。

第一节　土方工程

一、土方开挖

1. 一般规定

（1）土方工程施工前应进行挖、填方的平衡计算，综合考虑土方运距最短、运程合理和各个工程项目的合理施工程序等，做好土方平衡调配，减少重复挖运。

（2）当土方工程挖方较深时，施工单位应采取措施，防止基坑底部土的隆起并避免危害周边环境。

（3）在挖方前，应做好地面排水和降低地下水位工作。

（4）平整场地的表面坡度应符合设计要求，如设计无要求时，排水沟方向的坡度不应少于2‰。平整后的场地表面应逐点检查。检查点为每100～400m^2取1点，但不应少于10点；长度、宽度和边坡均为每20m取1点，每边不应少于1点。

（5）土方工程施工，应经常测量和校核其平面位置、水平标高和边坡坡度。平面控制桩和水准控制点采取可靠的保护措施，定期复测和检查。土方不应堆在基坑边坡。

（6）对雨期和冬期施工还应遵守国家现行有关标准。

2. 土方开挖的验收

（1）土方开挖前应检查定位放线、排水和降低地下水位系统，合理安排土方运输车的行走路线及弃土场。

（2）施工过程中应检查平面位置、水平标高、边坡坡度、压实度、排水、降低地下水位系统，并随时观测周围的环境变化。

（3）临时性挖方的边坡值应符合表2-1的规定。

表2-1　临时性挖方边坡值

土的类别		边坡值(高∶宽)
砂土(不包括细砂、粉砂)		1∶1.25～1∶1.50
一般性黏土	硬	1∶0.75～1∶1.00
	硬、塑	1∶1.00～1∶1.25
	软	1∶1.50或更缓
碎石类土	充填坚硬、硬塑黏性土	1∶0.50～1∶1.00
	充填砂地土	1∶1.00～1∶1.50

注：1. 设计有要求时，应符合设计标准。

2. 如采用降水或其他加固措施，可不受本表限制，但应计算复核。

3. 开挖深度，对软土不应超过4cm，对硬土不应超过8cm。

（4）土方开挖工程质量检验标准应符合表2-2的规定。

表 2-2 土方开挖工程质量检验标准 单位：mm

项目	序号	检查项目	允许偏差或允许值					检验方法
			柱基基坑基槽	挖方场地平整		管沟	地(路)面基层	
				人工	机械			
主控项目	1	标高	−50	±30	±50	−50	−50	水准仪
	2	长度、宽度(由设计中心线向两边量)	+200，−50	+300，−100	+500，−150	+100		经纬仪，用钢尺量
	3	边坡	设计要求					观察或用坡度尺检查
一般项目	1	表面平整度	20	20	50	20	20	用 2m 靠尺和楔形塞尺检查
	2	基底土性	设计要求					观察或土样分析

注：1. 地（路）面基层的偏差只适用于直接在挖、填方上做地（路）面的基层。

2. 本表所列数值适用于附近无重要建筑物或重要公共设施，且基坑暴露时间不长的条件。

二、边坡支护及降排水

1. 一般规定

(1) 在基坑（槽）或管沟工程等开挖施工中，现场不宜进行放坡开挖，当可能对邻近建（构）筑物、地下管线、永久性道路产生危害时，应对基坑（槽）、管沟进行支护后再开挖。

(2) 基坑（槽）、管沟开挖前应做好下述工作：

① 基坑（槽）、管沟开挖前，应根据支护结构形式、挖深、地质条件、施工方法、周围环境、工期、气候和地面载荷等资料制定施工方案、环境保护措施、监测方案，经审批后方可施工。

② 土方工程施工前，应对降水、排水措施进行设计，系统应经检查和试运转，一切正常时方可开始施工。

(3) 土方开挖的顺序、方法必须与设计工况相一致，并遵循“开槽支撑，先撑后挖，分层开挖，严禁超挖”的原则。

(4) 基坑（槽）、管沟的挖土应分层进行。在施工过程中基坑（槽）、管沟边堆置土方不应超过设计荷载，挖方时不应碰撞或损伤支护结构、降水设施。

(5) 基坑（槽）、管沟土方施工中应对支护结构、周围环境进行观察和监测，如出现异常情况应及时处理，待恢复正常后方可继续施工。

(6) 基坑（槽）、管沟开挖至设计标高后，应对坑底进行保护，经验槽合格后，方可进行垫层施工。对特大型基坑，宜分区分块挖至设计标高，分区分块及时浇筑垫层。必要时，可加强垫层。

(7) 基坑（槽）、管沟土方工程验收必须以确保支护结构安全和周围环境安全为前提。当设计有指标时，以设计要求为依据，如无设计指标时应按表 2-3 执行。

2. 排桩墙支护工程

(1) 排桩墙支护结构包括灌注桩、预制桩、板桩等类型桩构成的支护结构。

(2) 灌注桩、预制桩的检验标准应符合本章第三节桩基础的有关规定。钢板桩均为工厂成品，新桩可按出厂标准检验，重复使用的钢板桩应符合表 2-4 的规定，混凝土板桩应符合表 2-5 的规定。

表 2-3　基坑变形的监控值　　单位：cm

基坑类别	围护结构墙顶位移监控值	围护结构墙体最大位移监控值	地面最大沉降监控值
一级基坑	3	5	3
二级基坑	6	8	6
三级基坑	8	10	10

注：1. 符合下列情况之一，为一级基坑：

(1) 重要工程或支护结构做主体结构的一部分；

(2) 开挖深度大于10m；

(3) 与临近建筑物、重要设施的距离在开挖深度以内的基坑；

(4) 基坑范围内有历史文物、近代优秀建筑、重要管线等需严加保护的基坑。

2. 三级基坑为开挖深度小于7m，且周围环境无特别要求时的基坑。

3. 除一级和三级外的基坑属二级基坑。

4. 当周围已有的设施有特殊要求时，尚应符合这些要求。

5. 本表适用于软土地区的基坑工程，对硬土地区应执行设计规定。

表 2-4　重复使用的钢板桩检验标准

序号	检查项目	允许偏差或允许值		检查方法
		单位	数值	
1	桩垂直度	%	<1	用钢尺量
2	桩身弯曲度		<2%l	用钢尺量，l 为桩长
3	齿槽平直度及光滑度	无电焊渣或毛刺		用1m长的桩段做通过试验
4	桩长度	不少于设计长度		用钢尺量

注：表中检查齿槽平直度不能用目测，有时看来较易，但施工时仍会产生很大的阻力，甚至将桩带入土层中，如用一根短样桩，沿着板桩的齿口，全长拉一次，如能顺利通过，则将来施工时不会产生大的阻力。

表 2-5　混凝土板桩制作标准

项目	序号	检查项目	允许偏差或允许值		检查方法
			单位	数值	
主控项目	1	桩长度	mm	0、+10	用钢尺量
	2	桩身弯曲度	<0.1%l		用钢尺量，l 为桩长
一般项目	1	保护层厚度	mm	±5	用钢尺量
	2	模截面相对两面之差	mm	5	用钢尺量
	3	桩尖对桩轴线的位移	mm	10	用钢尺量
	4	桩厚度	mm	0、+10	用钢尺量
	5	凹凸槽尺寸	mm	±3	用钢尺量

(3) 排桩墙支护的基坑，开挖后应及时支护，每一道支撑施工应确保基坑变形在设计要求的控制范围内。

(4) 在含水量地层范围内的排桩墙支护基坑，应有确实可靠的止水措施，确保基坑施工及邻近构筑物的安全。

3. 水泥土桩墙支护工程

(1) 水泥土墙支护结构是指水泥土搅拌桩（包括加筋水泥土搅拌桩）、高压喷射注浆桩所构成的围护结构。

（2）水泥土搅拌桩及高压喷射注浆桩的质量检验应满足相应规范的规定。

（3）加筋水泥土桩应符合表 2-6 的规定。

表 2-6 加筋水泥土桩质量检验标准

序号	检查项目	允许偏差或允许值		检查方法
		单位	数值	
1	型钢长度	mm	±10	用钢尺量
2	型钢垂直度	%	<1	经纬仪
3	型钢插入标高	mm	±30	水准仪
4	型钢插入平面位置	mm	10	用钢尺量

4. 锚杆及土钉墙支护工程

（1）锚杆及土钉墙支护工程施工前应熟悉地质资料、设计图纸及周围环境，降水系统应确保正常工作，必须的施工设备，如挖掘机、钻机、压浆泵、搅拌机等应能正常运转。

（2）一般情况下，应遵循分段开挖、分段支护的原则，不宜按一次开挖就进行支护的方式施工。

（3）施工中应对锚杆或土钉位置，钻孔直径、深度及角度，锚杆或土钉插入长度，注浆配比、压力及注浆量，喷锚墙面厚度及强度、锚杆或土钉应力等进行检查。

（4）每段支护体施工完成后，应检查坡顶或坡面位移，坡顶沉降及周围环境变化。如有异常情况，应采取措施，恢复正常后方可继续施工。

（5）锚杆及土钉墙支护工程质量检验应符合表 2-7 的规定。

表 2-7 锚杆及土钉墙支护工程质量检验标准

项目	序号	检查项目	允许偏差或允许值		检查方法
			单位	数值	
主控项目	1	锚杆土钉长度	mm	±30	用钢尺量
	2	锚杆锁定力	设计要求		现场实测
一般项目	1	锚杆或土钉位置	mm	±100	用钢尺量
	2	钻孔倾斜度	0	±1	测钻机倾角
	3	浆体强度	设计要求		
	4	注浆量	大于理论计算浆量		检查计量数据
	5	土钉墙面厚度	mm	±10	用钢尺量
	6	墙体强度	设计要求		试样送检

5. 钢或混凝土支撑系统

（1）支撑系统包括围囹及支撑，当支撑较长时（一般超过 15m），还包括支撑下的立柱及相应的立柱桩。

（2）施工前应熟悉支撑系统的图纸及各种计算工况，掌握开挖及支撑设置的方式、预顶力及周围环境保护的要求。

（3）施工过程中应严格控制开挖和支撑的程序及时间，对支撑的（包括立柱及立柱桩的）位置、每层开挖深度、预加顶力（如需要时）、钢转图与围护体或支撑与围囹的密贴度应作周密检查。

（4）全部支撑安装结束后，仍应维持整个系统的正常运转直至支撑全部拆除。

（5）作为永久性结构的支撑系统尚应符合现行国家标准《混凝土结构工程施工质量验收规范》（GB 50204—2015）的要求。

（6）钢或混凝土支撑系统工程质量检验标准应符合表 2-8 的规定。

表 2-8　钢或混凝土支撑系统工程质量检验标准

项目	序号	检查项目	允许偏差或允许值		检查方法
			单位	数值	
主控项目	1	支撑位置：标高 平面	mm	30 100	水准仪 用钢尺量
	2	预加顶力	kN	±50	油泵读数或传感器
一般项目	1	围囹标高	mm	30	水准仪
	2	立柱桩	参见桩基础施工的相关质量检验标准		参见桩基础施工的相关质量检验标准
	3	立柱位置：标高 平面	mm mm	30 50	水准仪 用钢尺量
	4	开挖超深（开槽放支撑不在此范围）	mm	<200	水准仪
	5	支撑安装时间	设计要求		用钟表估测

6. 地下连续墙

（1）地下连续墙均应设置导墙，导墙形式有预制及现浇两种，现浇导墙形状有“L”形或倒“L”形，可根据不同土质选用。

（2）地下墙施工前宜先试成槽，以检验泥浆的配比、成槽机的选型并可复核地质资料。

（3）作为永久结构的地下连续墙，其抗渗质量标准可按现行国家标准《地下防水工程施工质量验收规范》（GB 50208—2011）执行。

（4）地下墙槽段间的连接接头形式，应根据地下墙的使用要求选用，且应考虑施工单位的经验，无论选用何种接头，在浇筑混凝土前，接头处必须刷洗干净，不留任何泥砂或污物。

（5）地下墙与地下室结构顶板、楼板、底板及梁之间连接可预埋钢筋或接驳器（锥螺纹或直螺纹），对接驳器也应按原材料检验要求，抽样复验。数量每 500 套为一个检验批，每批应抽查 3 件，复验内容为外观、尺寸、抗拉试验等。

（6）施工前应检验进场的钢材、电焊条。已完工的导墙应检查其基净空尺寸，墙面平整度与垂直度。检查泥浆用的仪器、泥浆循环系统应完好。地下连续墙应用商品混凝土。

（7）施工中应检查成槽的垂直度、槽底的淤积物厚度、泥浆比重、钢筋笼尺寸、浇筑导管位置、混凝土上升速度、浇筑面标高、地下墙连接面的清洗程度、商品混凝土的坍落度、锁口管或接头箱的拔出时间及速度等。

（8）成槽结束后应对成槽的宽度、深度及倾斜度进行检验，重要结构每段槽段都应检查，一般结构可抽查总槽段数的 20%，每槽段应抽查 1 个断面。

（9）永久性结构的地下墙，在钢筋笼沉放后，应做二次清孔，沉渣厚度应符合要求。

(10) 每 $50m^3$ 地下墙应做 1 组试件，每幅槽段不得少于 1 组，在强度满足设计要求后方可开挖土方。

(11) 作为永久性结构的地下连续墙，土方开挖后应进行逐段检查，钢筋混凝土底板也应符合现行国家标准《混凝土结构工程施工质量验收规范》(GB 50204—2015) 的规定。

(12) 地下墙的钢筋笼检验标准应符合钢筋验收规范的规定。其他标准应符合表 2-9 的规定。

表 2-9 地下墙质量检验标准

项目	序号	检查项目		允许偏差或允许值		检查方法
				单位	数值	
主控项目	1	墙体强度		设计要求		查试件记录或取芯试压
主控项目	2	垂直度：永久结构 临时结构			1/300 1/150	测声波测槽仪或成槽机上的监测系统
一般项目	1	导墙尺寸	宽度 墙面平整度 导墙平面位置	mm mm mm	W+40 <5 ±10	用钢尺量，W 为地下墙设计厚度 用钢尺量 用钢尺量
一般项目	2	沉渣厚度：永久结构 临时结构		mm mm	≤100 ≤200	重锤测或沉积物测定仪测
一般项目	3	槽深		mm	+100	重锤测
一般项目	4	混凝土坍落度		mm	180～220	坍落度测定器
一般项目	5	钢筋笼尺寸				
一般项目	6	地下墙表面平整度	永久结构 临时结构 插入式结构	mm mm mm	<100 <150 <20	此为均匀黏土层，松散及易坍土层由设计决定
一般项目	7	永久结构时的预埋件位置	水平向 垂直向	mm mm	≤10 ≤20	用钢尺量 水准仪

7. 沉井与沉箱

(1) 沉井是下沉结构，必须掌握确凿的地质资料，钻孔可按下述要求进行：

① 面积是 $200m^2$ 以下（包括 $200m^2$）的沉井（箱），应有一个钻孔（可布置在中心位置）。

② 面积在 $200m^2$ 以上的沉井（箱），在四角（圆形为相互垂直的两直径端点）应各布置一个钻孔。

③ 特大沉井（箱）可根据具体情况增加钻孔。

④ 钻孔底标高应深于沉井的终沉标高。

⑤ 每座沉井（箱）应有一个钻孔提供土的各项物理力学指标、地下水位和地下水含量资料。

(2) 沉井（箱）的施工应由具有专业施工经验的单位承担。

(3) 沉井制作时，承垫木或砂垫层的采用，与沉井的结构情况、地质条件、制作高度等有关。无论采用何种型式，均应有沉井制作时的稳定计算及措施。

(4) 多次制作和下沉的沉井（箱），在每次制作接高时，应对下卧层做稳定复核计算，并确定确保沉井接高的稳定措施。

(5) 沉井采用排水封底，应确保终沉时，井内不发生管涌、涌土及沉井止沉稳定。如不能保证时，应采用水下封底。

(6) 沉井施工除应符合本规范外，尚应符合现行国家标准《混凝土结构工程施工质量验收规范》(GB 50204—2015) 及《地下防水工程施工质量验收规范》(GB 50208—2011) 的规定。

(7) 沉井（箱）在施工前应对钢筋、电焊条及焊接成形的钢筋半成品进行检验。如不用商品混凝土，则应对现场的水泥、骨料做检验。

(8) 混凝土浇筑前，应对模板尺寸、预埋件位置、模板的密封性进行检验。拆模后应检查浇筑质量（外观及强度），符合要求后方可下沉。浮运沉井尚需做起浮可能性检查。下沉过程中应对下沉偏差做过程控制检查。下沉后的接高应对地基强度、沉井的稳定做检查。封底结束后，应对底板的结构（有无裂缝）及渗漏做检查。有关渗漏验收标准应符合现行国家标准《地下防水工程施工质量验收规范》(GB 50208—2011) 的规定。

(9) 沉井（箱）竣工后的验收应包括沉井（箱）的平面位置、终端标高、结束完整性、渗水等进行综合检查。

(10) 沉井（箱）的质量检验标准应符合表 2-10 的要求。

表 2-10　沉井（箱）的质量检验标准

项目	序号	检查项目		允许偏差或允许值		检查方法
				单位	数值	
主控项目	1	混凝土强度		满足设计要求(下沉前必须达到70%设计强度)		查试件记录或抽样送检
	2	封底前，沉井(箱)的下沉稳定		mm/8h	<10	水准仪
	3	封底结束后的位置 刃脚平均标高(与设计标高比) 四角中任何两角的底面高差		mm	<100 <1%H <1%l	水准仪 经纬仪，H 为下沉总深度，H<10m 时，控制在 100mm 之内 水准仪，l 为两角的距离，但不超过 300mm，l<10m 时，控制在 100mm 之内
一般项目	1	钢材、对接钢筋、水泥、骨料等原材料检查		符合设计要求		查出厂质保书或抽样送检
	2	结构体外观		无裂缝，无风窝、空洞，不露筋		直观
	3	平面尺寸：长和宽 曲线部分半径 两对角线差 预埋件		% % % mm	±0.5 ±0.5 1.0 20	用钢尺量，最大控制在 100mm 之内 用钢尺量，最大控制在 50mm 之内 用钢尺量 用钢尺量
	4	下沉过程中的偏差	高差	%	1.5~2.0	水准仪，但最大不超过 1m
			平面轴线		<1.5%H	经纬仪，H 为下沉深度，最大应控制在 300mm 之内，此数值不包括高差引起的中线位移
	5	封底混凝土坍落度		cm	18~22	坍落度测定器

注：主控项目 3 的三项偏差可同时存在，下沉总深度，系指下沉前后刃脚之高差。

8. 降水与排水

(1) 降水与排水是配合基坑开挖的安全措施，施工前应有降水与排水设计。当在基坑外降水时，应有降水范围的估算，对重要建筑物或公共设施在降水过程中应监测。

(2) 对不同的土质应用不同的降水形式，表 2-11 为常用的降水形式。

表 2-11 降水类型及适用条件

降水类型＼适用条件	渗透系数	可能降低的水位深度/m
轻型井点 多级轻型井点	$10^{-5} \sim 10^{-2}$	3～6 6～12
喷射井点	$10^{-6} \sim 10^{-3}$	8～20
电渗井点	$<10^{-6}$	宜配合其他形式降水使用
深井井管	$\geqslant 10^{-5}$	>10

注：电渗作为单独的降水措施已不多，在渗透系数不大的地区，为改善降水效果，可用电渗作为辅助手段。

(3) 降水系统施工完后，应试运转，如发现井管失效，应采取措施使其恢复正常，如无可能恢复，则应报废，另行设置新的井管。

(4) 降水系统运转过程中应随时检查观测孔中的水位。

(5) 基坑内明排水应设置排水沟及集水井，排水沟纵坡宜控制在 1‰～2‰。

(6) 降水与排水施工的质量检验标准应符合表 2-12 的规定。

表 2-12 降水与排水施工质量检验标准

序号	检查项目	允许值或允许偏差		检查方法
		单位	数值	
1	排水沟坡度	‰	1～2	目测：坑内不积水，沟内排水畅通
2	井管(点)垂直度	%	1	插管时目测
3	井管(点)间距(与设计相比)	%	≤150	用钢尺量
4	井管(点)插入深度(与设计相比)	mm	≤200	水准仪
5	过滤砂砾料填灌(与计算值相比)	mm	≤5	检查回填料用量
6	井点真空度：轻型井点 喷射井点	kPa kPa	>60 >93	真空度表 真空度表
7	电渗井点阴阳极距离：轻型井点 喷射井点	mm mm	80～100 120～150	用钢尺量 用钢尺量

三、土方回填压实

1. 基本要求

(1) 土方回填前应清除基底的垃圾、树根等杂物，抽除坑穴积水、淤泥，验收基底标高。如在耕植土或松土上填方，应在基底压实后再进行。

(2) 对填方土料应按设计要求验收后方可填入。

(3) 填方施工过程中应检查排水措施，每层填筑厚度、含水量控制、压实程度、填筑厚度及压实遍数应根据土质，压实系数及所用机具确定。如无试验依据，应符合表 2-13 的规定。

表 2-13　填土施工时的分层厚度及每层压实遍数

压实机具	分层厚度/mm	每层压实遍数
平碾	250～300	6～8
振动压实机	250～350	3～4
柴油打夯机	200～250	3～4
人工打夯	<200	3～4

注：填方工程的施工参数如每层填筑厚度、压实遍数及压实系数对重要工程均应做现场试验后确定，或由设计提供。

2. 检验标准

填方施工结束后，应检查标高、边坡坡度、压实程度等，检验标准应符合表 2-14 的规定。

表 2-14　填土工程质量检验标准

<table>
<tr><th rowspan="3">项目</th><th rowspan="3">序号</th><th rowspan="3">检查项目</th><th colspan="5">允许偏差或允许值/mm</th><th rowspan="3">检验方法</th></tr>
<tr><th rowspan="2">柱基基坑基槽</th><th colspan="2">挖方场地平整</th><th rowspan="2">管沟</th><th rowspan="2">地(路)面基层</th></tr>
<tr><th>人工</th><th>机械</th></tr>
<tr><td rowspan="2">主控项目</td><td>1</td><td>标高</td><td>−50</td><td>±30</td><td>±50</td><td>−50</td><td>−50</td><td>水准仪</td></tr>
<tr><td>2</td><td>分层压实系数</td><td colspan="5">设计要求</td><td>按规定方法</td></tr>
<tr><td rowspan="3">一般项目</td><td>1</td><td>回填土料</td><td colspan="5">设计要求</td><td>取样检查或直观鉴别</td></tr>
<tr><td>2</td><td>分层厚度及含水量</td><td colspan="5">设计要求</td><td>水准仪及抽样检查</td></tr>
<tr><td>3</td><td>表面平整度</td><td>20</td><td>20</td><td>30</td><td>20</td><td>20</td><td>用靠尺或水准仪</td></tr>
</table>

第二节　地基工程

一、换土地基

1. 一般规定

(1) 建筑物地基的施工应具备下述资料：

① 岩土工程勘察资料。

② 临近建筑物和地下设施类型、分布及结构质量情况。

③ 工程设计图纸、设计要求及需达到的标准、检验手段。

(2) 砂、石子、水泥、钢材、石灰、粉煤灰等原材料的质量、检验项目、批量和检验方法，应符合国家现行标准的规定。

(3) 地基施工结束，宜在一个间歇期后，进行质量验收，间歇期由设计确定。

(4) 地基加固工程，应在正式施工前进行试验施工，论证设定的施工参数及加固效果。为验证加固效果所进行的载荷试验，其施加载荷应不低于设计载荷的 2 倍。

(5) 对灰土地基、砂和砂石地基、土工合成材料地基、粉煤灰地基、强夯地基、注浆地基、预压地基，其竣工后的结果（地基强度或承载力）必须达到设计要求的标准。检验数量，每单位工程不应少于 3 点，$1000m^2$ 以上工程，每 $100m^2$ 至少应有 1 点，$3000m^2$

以上工程，每 300m^2 至少应有 1 点。每一独立基础下至少应有 1 点，基槽每 20 延米应有 1 点。

（6）对水泥土搅拌复合地基、高压喷射注浆桩复合地基、砂桩地基、振冲桩复合地基、土和灰土挤密桩复合地基、水泥粉煤灰碎石桩复合地基及夯实水泥土桩复合地基，其承载力检验，数量为总数为 1%～1.5%，但不应少于 3 根。

（7）除上述指定的主控项目外，其他主控项目及一般项目可随意抽查，但复合地基中的水泥土搅拌桩、高压喷射注浆桩、振冲桩、土和灰土挤密桩、水泥粉煤灰碎石桩及夯实水泥土桩至少应抽查 20%。

2. 灰土地基

（1）灰土土料、石灰或水泥（当水泥替代灰土中的石灰时）等材料及配合比应符合设计要求，灰土应搅拌均匀。

（2）施工过程中应检查分层铺设的厚度、分段施工时上下两层的搭接长度、夯实时加水量、夯压遍数、压实系数。灰土的最大虚铺厚度如表 2-15 所示。

表 2-15 灰土最大虚铺厚度

序号	夯实机具	质量/t	厚度/mm	备注
1	石夯、木夯	0.04～0.08	200～250	人力送夯，落距 400～500mm，每夯搭接半夯
2	轻型夯实机械	—	200～250	蛙式或柴油打夯机
3	压路机	机重 6～10	200～300	双轮

（3）施工结束后，应检验灰土地基的承载力。

（4）灰土地基的质量验收标准应符合表 2-16 规定。

表 2-16 灰土地基质量检验标准

项目	序号	检查项目	允许偏差或允许值		检查方法
			单位	数值	
主控项目	1	地基承载力	设计要求		按规定方法
	2	配合比	设计要求		按拌和时的体积比
	3	压实系数	设计要求		现场实测
一般项目	1	石灰粒径	mm	≤5	筛选法
	2	土料有机质含量	%	≤5	试验室焙烧法
	3	土颗粒粒径	mm	≤5	筛分法
	4	含水量(与要求的最优含水量比较)	%	±2	烘干法
	5	分层厚度偏差(与设计要求比较)	mm	±50	水准仪

3. 砂和砂石地基

（1）砂、石等原材料质量、配合比应符合设计要求，砂、石应搅拌均匀。

（2）施工过程中必须检查分层厚度、分段施工时搭接部分的压实情况、加水量、压实遍数、压实系数。

（3）施工结束后，应检验砂石地基的承载力。

（4）砂和砂石地基的质量验收标准应符合表 2-17 的规定。

表 2-17 砂和砂石地基质量检验标准

项目	序号	检查项目	允许偏差或允许值		检查方法
			单位	数值	
主控项目	1	地基承载力	设计要求		按规定方法
	2	配合比	设计要求		检查拌和时的体积比或重量比
	3	压实系数	设计要求		现场实测
一般项目	1	砂石料有机质含量	%	≤5	焙烧法
	2	砂石料含泥量	%	≤5	水洗法
	3	石料粒径	mm	≤100	筛分法
	4	含水量(与最优含水量比较)	%	±2	烘干法
	5	分层厚度(与设计要求比较)	mm	±50	水准仪

4. 土工合成材料地基

(1) 施工前应对土工合成材料的物理性能（单位面积的质量、厚度、比重)、强度、延伸率以及土、砂石料等做检验。土工合成材料以 $100m^2$ 为一批，每批应抽查 5%。

(2) 施工过程中应检查清基、回填料铺设厚度及平整度、土工合成材料的铺设方向、接缝搭接长度或缝接状况、土工合成材料与结构的连接状况等。

(3) 施工结束后，应进行承载力检验。

(4) 土工合成材料地基质量检验标准应符合表 2-18 的规定。

表 2-18 土工合成材料地基质量检验标准

项目	序号	检查项目	允许偏差或允许值		检查方法
			单位	数值	
主控项目	1	土工合成材料强度	%	≤5	置于夹具上做拉伸试验(结果与设计标准相比)
	2	土工合成材料延伸率	%	≤3	置于夹具上做拉伸试验(结果与设计标准相比)
	3	地基承载力	设计要求		按规定方法
一般项目	1	土工合成材料搭接长度	mm	≥300	用钢尺量
	2	土石料有机质含量	%	≤5	焙烧法
	3	层面平整度	mm	≤100	用 2m 靠尺
	4	每层铺设厚度	mm	±25	水准仪

5. 粉煤灰地基

(1) 施工前应检查粉煤灰材料，并对基槽清底状况、地质条件予以检验。

(2) 施工过程中应检查铺筑厚度、碾压遍数、施工含水量控制、搭接区碾压程度、压实系数等。

(3) 施工结束后，应检验地基的承载力。

(4) 粉煤灰地基质量检验标准应符合表 2-19 的规定。

二、复合地基

1. 注浆地基

(1) 施工前应掌握有关技术文件（注浆点位置、浆液配比、注浆施工技术参数、检测要求等)。浆液组成材料的性能符合设计要求，注浆设备应确保正常运转。

表 2-19 粉煤灰地基质量检验标准

项目	序号	检查项目	允许偏差或允许值		检查方法
			单位	数值	
主控项目	1	压实系数	设计要求		现场实测
	2	地基承载力	设计要求		按规定方法
一般项目	1	粉煤灰粒径	mm	0.001～2.000	过筛
	2	氧化铝及二氧化硅含量	%	≥70	试验室化学分析
	3	烧失量	%	≤12	试验室烧结法
	4	每层铺筑厚度	mm	±50	水准仪
	5	含水量(与最优含水量比较)	%	±2	取样后试验室确定

(2) 施工中应经常抽查浆液的配比及主要性能指标，注浆的顺序、注浆过程中的压力控制等。

(3) 施工结束后，应检查注浆体强度、承载力等。检查孔数为总量的 2%～5%，不合格率大于或等于 20%时应进行二次注浆。检验应在注浆后 15d（砂土、黄土）或 60d（黏性土）进行。

(4) 注浆地基的质量检验标准应符合表 2-20 的规定。

表 2-20 注浆地基质量检验标准

项目	序号	检查项目			质量标准	单位	检验方法及器具
主控项目	1	原材料检验	水泥		设计要求		检查查产品合格证书或抽样送检
			注浆用砂	粒径	<2.5	mm	试验室试验
				细度模数	<2.0		
				含泥量及有机物含量	<3%		
			注浆用黏土	塑性指数	>14		
				黏粒含量	>25%		
				含砂量	<5%		
				有机物含量	<3%		
			粉煤灰	细度	不粗于同时使用的水泥		
				烧失量	<3%		
		水玻璃模数			2.5～3.3		抽样送检
		其他化学浆液			应符合设计要求		检查产品合格证书或抽样送检
	2	注浆体强度			应符合设计要求		取样检验
	3	地基承载力			应符合设计要求		按规定方法
一般项目	1	各种注浆材料称量误差			<3%		抽查
	2	注浆孔位偏差			±20	mm	用钢尺检查
	3	注浆孔深偏差			±100	mm	量测注浆管长度
	4	注浆压力偏差(与设计参数比)			±10%		检查压力表读数

2. 高压喷射注浆地基

(1) 施工前应检查水泥、外掺剂等的质量、桩位、压力表和流量表的精度或灵敏度、高压喷射设备的性能等。

（2）施工中应检查施工参数（压力、水泥浆量、提升速度、旋转速度等）及施工程序。

（3）施工结束后，应检查桩体强度、平均直径、桩身中心位置、桩体质量及承载力等。桩体质量及承载力应在施工结束28d后进行检测。

（4）高压喷射注浆地基质量检验标准应符合表2-21的规定。

表2-21 高压喷射注浆地基质量检验标准

项目	序号	检查项目	允许偏差或允许值		检查方法
			单位	数值	
主控项目	1	水泥及外掺剂质量	符合出厂要求		查看产品合格证书或抽样送检
	2	水泥用量	设计要求		查看流量表及水泥浆水灰比
	3	桩体强度或完整性检验	设计要求		按规定方法
	4	地基承载力	设计要求		按规定方法
一般项目	1	钻孔位置	mm	≤50	用钢尺量
	2	钻孔垂直度	%	≤1.5	经纬仪测钻杆或实测
	3	孔深	mm	±	用钢尺量
	4	注浆压力	按设定参数指标		查看压力表
	5	桩体搭接	mm	>200	用钢尺量
	6	桩体直径	mm	≤50	开挖后用钢尺量
	7	桩身中心允许偏差		≤0.2D	开挖后桩顶下500mm处用钢尺量，D为桩径

3. 水泥土搅拌桩地基

（1）施工前应检查水泥及外掺剂的质量、桩位、搅拌机工作性能及各种计量设备完好程度（主要是水泥浆流量计及其他计量装置）。

（2）施工中应检查机头提升速度、水泥浆或水泥注入量、搅拌桩的长度及标高。

（3）施工结束后，应检查桩体强度、桩体直径及地基承载力。

（4）进行强度检验时，对承重水泥土搅拌桩应取90d后的试件；对支护水泥土搅拌桩应取28d后的试件。

（5）水泥土搅拌桩地基质量检验标准应符合表2-22的规定。

4. 土和灰土挤密桩复合地基

（1）施工前对土及灰土的质量、桩孔放样位置等做检查。

（2）施工中应对桩孔直径、桩孔深度、夯击次数、填料的含水量等做检查。

（3）施工结束后，应检验成桩的质量及地基承载力。

（4）土和灰土挤密桩地基质量检验标准应符合表2-23的规定。

5. 水泥粉煤灰碎石桩复合地基

（1）水泥、粉煤灰、砂石碎石等原材料应符合设计要求。

（2）施工中应检查桩身混合料的配合比、坍落度和提拔钻杆速度（或提拔套管速度）、成孔深度、混合料灌入量等。

（3）施工结束后，应对桩顶标高、桩位、桩体质量、地基承载力以及褥垫层的质量做检查。

表 2-22 水泥土搅拌桩地基质量检验标准

项目	序号	检查项目	允许偏差或允许值		检查方法
			单位	数值	
主控项目	1	水泥及外掺剂质量	设计要求		查看产品合格证书或抽样送检
	2	水泥用量	参数指标		查看流量计
	3	桩体强度	设计要求		按规定办法
	4	地基承载力	设计要求		按规定办法
一般项目	1	机头提升速度	m/min	≤0.5	测量机头上升距离及时间
	2	桩底标高	mm	+200	测机头深度
	3	桩顶标高	mm	+100 −50	水准仪(最上部 500mm 不计入)
	4	桩位偏差	mm	<50	用钢尺量
	5	桩径		<0.04D	用钢尺量，D 为桩径
	6	垂直度	%	≤1.5	经纬仪
	7	搭接	mm	>200	用钢尺量

注：表中桩体强度的检查方法，各地有其他成熟的方法，只要可靠都行。如用轻便触探器检查均匀程度、用对比法判断桩身强度等，可参照国家现行行业标准《建筑地基处理技术规范》(JGJ 79—2012)。

表 2-23 土和灰土挤密桩地基质量检验标准

项目	序号	检查项目	允许偏差或允许值		检查方法
			单位	数值	
主控项目	1	桩体及桩间土干密度	设计要求		现场取样检查
	2	桩长	mm	+500	测桩管长度或垂球测孔深
	3	地基承载力	设计要求		按规定方法
	4	桩径	mm	−20	用钢尺量
一般项目	1	土料有机质含量	%	≤5	试验室焙烧法
	2	石灰粒径	mm	≤5	筛选法
	3	桩位偏差		满堂布桩≤0.04D 条基布桩≤0.25D	用钢尺量，D 为桩径
	4	垂直度	%	≤1.5	用经纬仪测桩管
	5	桩径	mm	−20	用钢尺量

注：桩径允许偏差负值是指个别断面。

(4) 水泥粉煤灰碎石桩复合地基的质量检验标准应符合表 2-24 的规定。

6. 夯实水泥土桩复合地基

(1) 水泥及夯实用土料的质量应符合设计要求。

(2) 施工中应检查孔位、孔深、孔径、水泥和土的配比、混合料含水量等。

(3) 施工结束后，应对桩体质量及复合地基承载力做检验，褥垫层应检查其夯填度。

(4) 夯实水泥土桩的质量检验标准应符合表 2-25 的规定。

7. 砂桩地基

(1) 施工前应检查砂料的含泥量及有机质含量、样桩的位置等。

表 2-24 水泥粉煤灰碎石桩复合地基质量检验标准

项目	序号	检查项目	允许偏差或允许值		检查方法
			单位	数值	
主控项目	1	原材料	设计要求		查产品合格证或抽样送检
	2	桩径	mm	−20	用钢尺量或计算填料量
	3	桩身强度	设计要求		查 28d 试块强度
	4	地基承载力	设计要求		按规定的办法
一般项目	1	桩身完整性	按桩基检测技术规范		按桩基检测技术规范
	2	桩位偏差		满堂布桩≤0.04D 条基布桩≤0.25D	用钢尺量，D 为桩径
	3	桩垂直度	%	≤1.5	用经纬仪测桩管
	4	桩长	mm	+100	测桩管长度或垂球测孔深
	5	褥垫层夯填度	≤0.9		用钢尺量

注：1. 夯填土指夯实后的褥垫层厚度与虚体厚度的比值。

2. 桩径允许偏差负值是指个别断面。

表 2-25 夯实水泥土桩复合地基质量检验标准

项目	序号	检查项目	允许偏差或允许值		检查方法
			单位	数值	
主控项目	1	桩径	mm	−20	用钢尺量
	2	桩长	mm	+500	测桩孔深度
	3	桩体干密度	设计要求		现场取样检查
	4	地基承载力	设计要求		按规定的方法
一般项目	1	土料有机质含量	%	≤5	焙烧法
	2	含水量(与最优含水量比)	%	±2	烘干法
	3	土料粒径	mm	≤20	筛分法
	4	水泥质量	设计要求		查产品质量合格证书或抽样送检
	5	桩位偏差		满堂布桩≤0.04D 条基布桩≤0.25D	用钢尺量，D 为桩径
	6	桩孔垂直度	%	≤1.5	用经纬仪测桩管
	7	褥垫层夯填度	≤0.9		用钢尺量

(2) 施工中检查每根砂桩的桩体、灌砂量、标高、垂直度。

(3) 施工结束后，应检查被加固地基的强度或承载力。

(4) 砂桩地基的质量检验标准应符合表 2-26 的规定。

三、夯实地基

1. 强夯地基

(1) 施工前应检查夯锤重量、尺寸，落距控制手段，排水设施及被夯地基的土质。

(2) 施工中应检查落距、夯击遍数、夯点位置、夯击范围。

表 2-26 砂桩地基的质量检验标准

项目	序号	检查项目	允许偏差或允许值		检查方法
			单位	数值	
主控项目	1	灌砂量	%	≤95	实际用砂量与计算体积比
	2	地基强度	设计要求		按规定方法
	3	地基承载力	设计要求		按规定方法
一般项目	1	砂料的含泥量	%	≤3	试验室测定
	2	砂料的有机质含量	%	≤5	焙烧法
	3	桩位	mm	≤50	用钢尺量
	4	砂桩标高	mm	±150	水准仪
	5	垂直度	%	≤1.5	经纬仪检查桩管垂直度

(3) 施工结束后，检查被夯地基的强度并进行承载力检验。

(4) 强夯地基质量检验标准应符合表 2-27 的规定。

表 2-27 强夯地基质量检验标准

项目	序号	检查项目	允许偏差或允许值		检查方法
			单位	数值	
主控项目	1	地基强度	设计要求		按规定方法
	2	地基承载力	设计要求		按规定方法
一般项目	1	夯锤落距	mm	±300	钢索设标志
	2	锤重	kg	±100	称重
	3	夯击遍数及顺序	设计要求		计数法
	4	夯点间距	mm	±500	用钢尺量
	5	夯击范围(超出基础范围距离)	设计要求		用钢尺量
	6	前后两遍间歇时间	设计要求		

注：质量检验应在夯后一定的间歇之后进行，一般为两星期。

2. 预压地基

(1) 施工前应检查施工监测措施，沉降、孔隙水压力等原始数据，排水设施，砂井（包括袋装砂井）、塑料排水带等位置。塑料排水带的质量标准应符合相关规范的规定。

(2) 堆载施工应检查堆载高度、沉降速率，真空预压施工应检查密封膜的密封性能、真空表读数等。

(3) 施工结束后，应检查地基土的强度及要求达到的其他物理力学指标，重要建筑物地基应做承载力检验。

(4) 预压地基和塑料排水带质量检验标准应符合表 2-28 的规定。

3. 振冲地基

(1) 施工前应检查振冲的性能，电流表、电压表的准确度及填料的性能。

(2) 施工中应检查密度电流、供水压力、供水量、填料量、孔底留振时间、振冲点位置、振冲器施工参数等（施工参数由振冲试验或设计确定）。

表 2-28　预压地基和塑料排水带质量检验标准

项目	序号	检查项目	允许偏差或允许值		检查方法
			单位	数值	
主控项目	1	预压载荷	%	≤2	水准仪
	2	固结度(与设计要求比)	%	≤2	根据设计要求采用不同的方法
	3	承载力或其他性能指标	设计要求		按规定方法
一般项目	1	沉降速率(与控制值比)	%	±10	水准仪
	2	砂井或塑料排水带位置	mm	±100	用钢尺量
	3	砂井或塑料排水带插入深度	mm	±200	插入时用经纬仪检查
	4	插入塑料排水带时的回带长度	mm	≤500	用钢尺量
	5	塑料排水带或砂井高出砂垫层距离	mm	≥200	用钢尺量
	6	插入塑料排水带的回带根数	%	<5	目测

注：如真空预压，主控项目中预压载荷的检查为真空降低值<2%。

(3) 施工结束后，应在有代表性的地段做地基强度或地基承载力检验。

(4) 振冲地基质量检验标准应符合表 2-29 的规定。

表 2-29　振冲地基质量检验标准

项目	序号	检查项目	允许偏差或允许值		检查方法
			单位	数值	
主控项目	1	填料粒径	设计要求		抽样检查
	2	密实电流(黏性土) 密实电流(砂性土或粉土) (以上为功率 30kW 振冲器) 密实电流(其他类型振冲器)	A A A	50~55 40~50 $(1.5\sim2.0)A_0$	电流表读数 电流表读数，A_0 为空振电流
	3	压实系数	设计要求		按规定方法
一般项目	1	石灰粒径	mm	≤5	抽样检查
	2	土料有机质含量	%	≤5	用钢尺量
	3	土颗粒粒径	mm	≤5	用钢尺量
	4	含水量(与要求的最优含水量比较)	m%	±2	用钢尺量
	5	分层厚度偏差(与设计要求比较)	mm	±50	量钻杆或重锤测

第三节　桩　基　础

一、预制桩

1. 一般规定

(1) 桩位的放样允许偏差：群桩 20mm；单排桩 10mm。

(2) 桩基工程的桩位验收，除设计有规定外，应按下述要求进行。

① 当桩顶设计标高与施工现场标高相同时，或桩基施工结束后，有可能对桩位进行检

查时，桩基工程的验收应在施工结束后进行。

② 当桩顶设计标高低于施工场地标高，送桩后无法对桩位进行检查时，对打入桩可在每根桩桩顶沉至场地标高时，进行中间验收，待全部桩施工结束，承台或底板开挖到设计标高后，再做最终验收。对灌注桩可对护筒位置做中间验收。

(3) 打（压）入桩（预制凝土方桩、先张法预应力管桩、钢桩）的桩位偏差，必须符合表 2-30 的规定。斜桩倾斜度的偏差不得大于倾斜角正切值的 15%（倾斜角系桩的纵向中心线与铅垂线间夹角）。

表 2-30 预制桩（钢桩）桩位的允许偏差

项	项 目	允许偏差/mm
1	盖有基础梁的桩： (1)垂直基础梁的中心线 (2)沿基础梁的中心线	 $100+0.01H$ $150+0.01H$
2	桩数为 1～3 根桩基中的桩	100
3	桩数为 4～16 根桩基中的桩	1/2 桩径或边长
4	桩数大于 16 根桩基中的桩： (1)最外边的桩 (2)中间桩	 1/3 桩径或边长 1/2 桩径或边长

注：H 为施工现场地面标高与桩顶设计标高的距离。

(4) 灌注桩的桩位偏差必须符合表 2-31 的规定，桩顶标高至少要比设计标高高出 0.5m，桩底清孔质量按不同的成桩工艺有不同的要求，应按本章的各节要求执行。每浇注 $50m^3$ 必须有 1 组试件，小于 $50m^3$ 的桩，每根桩必须有 1 组试件。

表 2-31 灌注桩的平面位置和垂直度的允许偏差

序号	成孔方法		桩径允许偏差/mm	垂直度允许偏差/%	桩位允许偏差/mm	
					1～3 根、单排桩基垂直于中心线方向和群桩基础的边桩	条形桩基沿中心线方向和群桩基础的中间桩
1	泥浆护壁	$D\leqslant1000mm$	±50	<1	$D/6$，且不大于 100	$D/4$，且不大于 150
		$D>1000mm$	±50		$100+0.01H$	$150+0.01H$
2	套管成孔灌注桩	$D\leqslant500mm$	−20	<1	70	150
		$D>500mm$			100	150
3	干成孔灌注桩		−20	<1	70	150
4	人工挖孔桩	混凝土护壁	+50	<0.5	50	150
		钢套管护壁	+50	<1	100	200

注：1. 桩径允许偏差的负值是指个别断面。

2. 采用复打、反插法施工的桩，其桩径允许偏差不受上表限制。

3. H 为施工现场地面标高与桩顶设计标高的距离，D 为设计桩径。

(5) 工程桩应进行承载力检验。对于地基基础设计等级为甲级或地质条件复杂，成桩质量可靠性低的灌注桩，应采用静载荷试验的方法进行复杂，成桩质量可靠性低的灌注桩，应采用静载荷试验的方法进行检验，检验桩数不应少于总数的 1%，且不应少于 3 根，当总桩数不少于 50 根时，不应少于 2 根。

(6) 桩身质量应进行检验。对设计等级为甲级或地质条件复杂，成桩质量可靠性低的灌注桩，抽检数量不应少于总数的 30%，且不应少于 20 根；其他桩基工程的抽检数量不应少于总数的 20%，且不应少于 10 根；对混凝土预制桩及地下水位以上且终孔后经过核验的灌注桩，检验数量不应少于总桩数的 10%，且不得少于 10 根。每个柱子承台下不得少于 1 根。

(7) 对砂、石子、钢材、水泥等原材料的质量、检验项目、批量和检验方法，应符合国家现行标准的规定。

(8) 除上述规定的主控项目外，其他主控项目应全部检查，对一般项目，除已明确规定外，其他可按 20%抽查，但混凝土灌注桩应全部检查。

2. 静力压桩

(1) 静力压包括锚杆静压桩及其他各种非冲击力沉桩。

(2) 施工前应对成品桩（锚杆静压成品桩一般均由工厂制造，运至现场堆放）作外观及强度检验，按桩用焊条或半成品硫黄胶泥应有产品合格证书，或送有关部门检验，压桩用压力表、锚杆规格及质量也应进行检查、硫黄胶泥半成品应每 100kg 做一组试件（3 件）。

(3) 压桩过程中应检查压力、桩垂直度、接桩间歇时间、桩的连接质量及压入深度、重要工程应对电焊接桩的接头做 10%的探伤检查。对承受反力的结构应加强观测。

(4) 施工结束后，应做桩的承载力及桩体质量检验。

(5) 锚杆静压桩质量检验标准应符合表 2-32 的规定。

表 2-32 锚杆静力压桩质量检验标准

项目	序号	检查项目		允许偏差或允许值		检查方法
				单位	数值	
主控项目	1	桩体质量检验		按基桩检测技术规范		按基桩检测技术规范
	2	桩位偏差		见表 2-30		用钢尺量
	3	承载力		按基桩检测技术规范		按基桩检测技术规范
一般项目	1	成品桩质量	外观	表面平整，颜色均匀，掉角深度小于 10mm，蜂窝面积小于总面积 0.5%		直观
			外形尺寸	见表 2-35		见表 2-35
			强度	满足设计要求		合格证书或钻芯试压
	2	硫黄胶泥质量(半成品)		设计要求		查产品合格证书或抽样送检
	3	接桩	电焊接桩：焊缝质量	见表 2-37		见表 2-37
			电焊结束后停歇时间	min	＞1.0	秒表测定
			硫黄胶泥接桩：胶泥浇筑时间 浇筑后停歇时间	min min	＜2 ＞7	秒表测定 秒表测定
	4	电焊条质量		设计要求		查产品合格证书
	5	压桩压力(设计有要求时)		%	±5	查压力表读数
	6	接桩时上下节平面偏差 接桩时节点弯曲矢高		mm	＜10 ＜1/1000l	用钢尺量 用钢尺量，l 为桩长
	7	桩顶标高		mm	±50	水准仪

3. 先张法预应力管桩

(1) 施工前应检查进入现场的成品桩，接桩用电焊条等产品质量。

(2) 施工过程中应检查桩的贯入情况、桩顶完整状况、电焊接桩质量、桩体垂直度、电焊后的停歇时间。重要工程应对电焊接头做10%的焊缝探头检查。

(3) 施工结束后，应做承载力检验及桩体质量检验。

(4) 先张法预应力管桩的质量检验应符合表2-33的规定。

表 2-33 先张法预应力管桩质量检验标准

项目	序号	检查项目		允许偏差或允许值		检查方法
				单位	数值	
主控项目	1	桩体质量检验		按基桩检测技术规范		按基桩检测技术规范
	2	桩位偏差		见表2-30		用钢尺量
	3	承载力		按基桩检测技术规范		按基桩检测技术规范
一般项目	1	成品桩质量	外观	无蜂窝、露筋、裂缝、色感均匀、桩顶处无孔隙		直观
			桩径	mm	±5	用钢尺量
			管壁厚度	mm	±5	用钢尺量
			桩尖中心线	mm	<2	用钢尺量
			顶面平整度	mm	10	用水平尺量
			桩体弯曲		1/1000l	用钢尺量，l为桩长
	2	接桩	焊缝质量	见表2-37		见表2-37
			电焊结束后停歇时间	min	>1.0	秒表测定
			上、下节平面偏差	mm	<10	用钢尺量
			节点弯曲矢高		<1/1000l	用钢尺量，l为桩长
	3	桩位		设计要求		现场实测或查沉桩记录
	4	砂桩标高		mm	±50	水准仪

4. 混凝土预制桩

(1) 桩在现场预制时，应对原材料、钢筋骨架（其质量检验标准如表2-34所示）、混凝土强度进行检查；采用工厂生产的成品桩时，桩进场后应进行外观及尺寸检查。

表 2-34 预制桩钢筋骨架质量检验标准

项目	序号	检查项目	允许偏差或允许值/mm	检查方法
主控项目	1	主筋距桩顶距离	±5	用钢尺量
	2	多节桩锚固钢筋位置	5	用钢尺量
	3	多节桩预埋铁件	±3	用钢尺量
	4	主筋保护层厚度	±5	用钢尺量
一般项目	1	主筋间距	±5	用钢尺量
	2	桩尖中心线	10	用钢尺量
	3	箍筋间距	±20	用钢尺量
	4	桩顶钢筋网片	±10	用钢尺量
	5	多节桩锚固钢筋长度	±10	用钢尺量

（2）施工中应对桩体垂直度、沉桩情况、桩顶完整状况、接桩质量等进行检查，对电焊接桩，重要工程应做10％的焊缝探伤检查。

（3）施工结束后，应对承载力及桩体质量做检验。

（4）对长桩或总锤击数超过500击的锤击桩，应符合桩体强度及28d龄期的两项条件才能锤击。

（5）钢筋混凝土预制桩的质量检验标准应符合表2-35的规定。

表2-35 钢筋混凝土预制桩的质量检验标准

项目	序号	检查项目	允许偏差或允许值		检查方法
			单位	数值	
主控项目	1	桩体质量检验	按基桩检测技术规范		按基桩检测技术规范
	2	桩体偏差	见表2-30		用钢尺量
	3	承载力	按基桩检测技术规范		按基桩检测技术规范
一般项目	1	砂、石、水泥、钢材等原材料（现场预制时）	符合设计要求		查出厂质保文件或抽样送检
	2	混凝土配合比及强度（现场预制时）	符合设计要求		检查称量及查试块记录
	3	成品桩外形	表面平整，颜色均匀，掉角深度小于10mm，蜂窝面积小于总面积0.5％		直观
	4	成品桩裂缝（收缩裂缝或起吊、装运、堆放引起的裂缝）	深度小于20mm，宽度小于0.25mm，横向裂缝不超过边长的一半		裂缝测定仪，该项在地下水有侵蚀地区及锤击数超过500击的长桩不适用
	5	成品桩尺寸：横截面边长 桩顶对角线差 桩尖中心线 桩身弯曲矢高 桩顶平整度	mm mm mm mm	±5 <10 <10 <1/1000l <2	用钢尺量 用钢尺量 用钢尺量 用钢尺量，l为桩长 用水平尺量
	6	电焊接桩：焊缝质量	见表2-37		见表2-37
		电焊结束后停歇时间 上、下节平面偏差 节点弯曲矢高	min mm 	>1.0 <1.0 <1/1000l	秒表测定 用钢尺量 用钢尺量，l为两节桩长
	7	硫黄胶泥接桩：胶泥浇筑时间 浇筑后停歇时间	min min	<2 >7	秒表测定 秒表测定
	8	桩顶标高	mm	±50	水准仪
	9	停锤标准	设计要求		现场实测或查沉桩记录

5. 钢桩

（1）施工前应检查进入现场的成品钢桩，成品桩的质量标准应符合本规范表2-36的规定。

（2）施工中应检查钢桩的垂直度、沉入过程、电焊连接质量、电焊后的停歇时间、桩顶锤击后的完整状况、电焊质量除常规检查外，应做10％的焊缝探伤检查。

（3）施工结束后应做承载力检验。

（4）钢桩施工质量检验标准应符合表2-36及表2-37的规定。

表 2-36 成品钢桩质量检验标准

项目	序号	检查项目	允许偏差或允许值		检查方法
			单位	数值	
主控项目	1	钢桩外径或断面尺寸：桩端 桩身		±0.5%D ±1D	用钢尺量，D 为外径或边长
	2	矢量		$<1/1000l$	用钢尺量，l 为桩长
一般项目	1	长度	mm	+10	用钢尺量
	2	端部平整度	mm	≤2	用水平尺量
	3	H 钢桩的方正度$h>300$ $h<300$	mm mm	$T+T'\leqslant 8$ $T+T'\leqslant 6$	用钢尺量，h、T、T'见图示
	4	端部平面与桩中心线的倾斜值	mm	≤2	用水平尺量

表 2-37 钢桩施工质量检验标准

项目	序号	检查项目	允许偏差或允许值		检查方法
			单位	数值	
主控项目	1	桩位偏差	见表 2-30		用钢尺量
	2	承载力	按基桩检测技术规范		按基桩检测技术规范
一般项目	1	电焊接桩焊缝 (1)上下节端部错口 (外径≥700mm) (外径<700mm) (2)焊缝咬边深度 (3)焊缝加强层高度 (4)焊缝加强层宽度	 mm mm mm mm mm	 ≤3 ≤2 ≤0.5 2 2	 用钢尺量 用钢尺量 焊缝检查仪 焊缝检查仪 焊缝检查仪
		(5)焊缝电焊质量外观	无气孔，无焊瘤，无裂缝		直观
		(6)焊缝探伤检验	满足设计要求		按设计要求
	2	电焊结束后停歇时间	min	>1.0	按设计要求
	3	节点弯曲矢量		$<1/1000l$	用钢尺量，l 为两节桩长
	4	桩顶标高	mm	±50	水准仪
	5	停锤标准	设计要求		用钢尺量或沉桩记录

二、灌注桩

1. 基本要求

(1) 施工前应对水泥、砂、石子（如现场搅拌）、钢材等原材料进行检查，对施工组织设计中制定的施工顺序、监测手段（包括仪器、方法）也应检查。

(2) 施工中应对成孔、清渣、放置钢筋笼、灌注混凝土等进行全过程检查，人工挖孔桩尚应复验孔底持力层土（岩）性。嵌岩桩必须有桩端持力层的岩性报告。

(3) 施工结束后，应检查混凝土强度，并应做桩体质量及承载力的检验。

2. 质量检验标准

混凝土灌注桩的质量检验标准应符合表 2-38、表 2-39 的规定。

表 2-38 混凝土灌注桩钢筋笼质量检验标准

项目	序号	检查项目	允许偏差或允许值/mm	检查方法
主控项目	1	主筋间距	±10	用钢尺量
	2	长度	±10	用钢尺量
一般项目	1	钢筋材质检验	设计要求	抽样送检
	2	箍筋间距	±20	用钢尺量
	3	直径	±10	用钢尺量

表 2-39 混凝土灌注桩质量检验标准

项目	序号	检查项目	允许偏差或允许值		检查方法
			单位	数值	
主控项目	1	桩位	见表 2-30		基坑开挖前量护筒，开挖后量桩中心
	2	孔深	mm	+300	只深不浅，用重锤测，或测钻杆、套管长度，嵌岩桩应确保进入设计要求的嵌岩深度
	3	桩体质量检验	按基桩检测技术规范。如钻芯取样，大直径嵌岩桩应钻至桩尖下50mm		按基桩检测技术规范
	4	混凝土强度	设计要求		试件报告或钻芯取样送检
	5	承载力	按基桩检测技术规范		按基桩检测技术规范
一般项目	1	垂直度	见表 2-30		测大管或钻杆，或用超声波探测，干施工时吊垂球
	2	桩径	见表 2-30		井径仪或超声波检测，干施工时吊垂球
	3	泥浆比重(黏土或砂性土中)	1.15～1.20		用比重计测，清孔后在距孔底 50cm 处取样
	4	泥浆面标高(高于地下水位)	m	0.5～1.0	目测
	5	沉渣厚度：端承桩 摩擦桩	mm mm	≤50 ≤150	用沉渣仪或重锤测量
	6	混凝土坍落度：水下灌注 干施工	mm mm	160～220 70～100	坍落度仪
	7	钢筋笼安装深度	mm	±100	用钢尺量
	8	混凝土充盈系数	>1		检查每根桩的实际灌注量
	9	桩顶标高	mm	+30 −50	水准仪，需扣除桩顶浮浆层及劣质桩体

能力训练题

一、填空题

1. 地基加固工程，应在正式施工前进行试验段施工，论证设定的施工参数及加固效果。为验证加固效果所进行的载荷试验，其施加载荷应不低于设计载荷的________倍。

2. 对水泥土搅拌桩复合地基、高压喷射注浆桩复合地基、砂桩地基、振冲桩复合地基、土和灰土挤密桩复合地基、水泥粉煤灰碎石桩复合地基及夯实水泥土桩复合地基，其承载力检验，数量为总数的________，但不应少于________处。有单桩强度检验要求时，数量为总数的0.5%～1%，但不应少于3根。

3. 灰土地基施工过程中应检查分层铺设的厚度、分段施工时上下两层的________、夯实时加水量、夯压遍数、压实系数。

4. 土工合成材料地基施工前应对土工合成材料的物理性能（单位面积的质量、厚度、比重）、强度、延伸率以及土、砂石料等做检验。土工合成材料以________m^2为一批，每批应抽查5%。

5. 强夯地基施工中应检查________、________、夯点位置、夯击范围。

6. 高压喷射注浆地基施工结束后，应检验桩体强度、平均直径、桩身中心位置、桩体质量及承载力等。桩体质量及承载力检验应在施工结束后________d进行。

7. 桩基工程中，工程桩应进行承载力检验。对于地基基础设计等级为甲级或地质条件复杂，成桩质量可靠性低的灌注桩，应采用静载荷试验的方法进行检验，检验桩数不应少于总数的________，且不应少于________根，当总桩数少于50根时，不应少于________根。

8. 桩基工程中，打（压）入桩（预制混凝土方桩、先张法预应力管桩、钢柱）的桩位偏差，必须符合有关规定。斜桩倾斜度的偏差变不得大于倾斜角正切值的________（倾斜角系桩的纵向中心线与铅垂线间夹角）。

9. 桩基工程中，灌注桩的桩位偏差必须符合有关规定，桩顶标高至少要比设计标高高出0.5m，桩底清孔质量按不同的成桩工艺有不同的要求，每浇筑$50m^3$必须有________组试件，小于$50m^3$的桩，每根桩必须有________组试件。

10. 静力压桩施工中，压桩过程中应检查压力、桩垂直度、接桩间歇时间、桩的连接质量及压入深度。重要工程应对电焊接桩的接头做________%的探伤检查。

11. 混凝土预制桩施工后，对长桩或总锤击数超过500击的锤击桩，应符合桩体________及________d龄期的两项条件才能锤击。

12. 混凝土灌注桩施工中应对成孔、清渣、放置钢筋笼、灌注混凝土等进行全过程检查，人工挖孔桩尚应复验孔底持力层土（岩）性。嵌岩桩必须有桩端持力层的________报告。

13. 土方工程中，应经常测量和校核其平面位置、________和边坡坡度。平面控制桩和水准控制点应采取可靠的保护措施，定期复测和检查。

14. 地下连续墙施工中，成槽结束后应对成槽的宽度、深度及倾斜度进行检验，重要结构每段槽段都应检查，一般结构可抽查总槽段数的________%，每槽段应抽查1个断面。

15. 降水与排水是配合基坑开挖的安全措施，施工前应有________。

16. 当在基坑外降水时，应有降水范围的估算，对重要建筑物或公共设施在降水过程中应________。

二、简答题

1. 灰土地基的施工质量应如何检验？

2. 水泥粉煤灰碎石桩复合地基的施工质量应如何检验？

3. 混凝土灌注桩的施工质量应如何检验？

4. 土方开挖工程的施工质量应如何检验？

5. 填方工程的施工质量应如何检验？

第四节　地下防水工程

学习要点

了解地下防水工程的基本要求。

能够学会混凝土防水工程的验收。

熟悉细部构造防水工程的验收。

案例导读

本工程为某经济技术保税区某大厦，建筑面积 1.8 万平方米，地上为 18 层，地下为 2 层，地下高度为 5.5m。根据地下工程结构的特点及所处环境的要求，在防水设计时坚持多道设防、刚柔防水材料结合、综合防治的原则，即基础底板采用结构自防水方案，混凝土抗渗等级 P8。地下室外墙采用结构自防水与材料防水层相结合的方案，即：P8 防水混凝土外墙粘贴 2 层 4mm 厚 SBS 防水卷材，采取外防内贴施工法。

一、地下防水工程的基本要求

1. 地下防水工程等级设防

地下防水工程指对房屋建筑、防护工程、市政隧道、地下铁道等地下工程进行防水设计、防水施工和维护管理等各项技术工件的工程实体。

根据地下工程的重要性和使用中对防水的要求，确定结构允许渗漏水量的等级标准。

值得注意的是在表 2-40 地下工程防水等级标准中，所提到的防水等级为一级的工程，按规定是不允许渗水的，但结构内表面并不是没有地下水渗透现象。由于渗水量极小，且随时被正常的人工通风所带走，当渗水量小于蒸发量时，结构表面往往不会留存湿渍，所以对此不作量化指标的规定。

表 2-40　地下工程防水等级标准

防水等级	防水标准
一级	不允许渗水，结构表面无湿渍
二级	不允许漏水，结构表面可有少量湿渍； 房屋建筑地下工程：总湿渍面积部应大于总防水面积（包括顶板、墙面、地面）的 1/1000；任意 $100m^2$ 防水面积上的湿渍不超过 2 处，单个湿渍的最大面积不小于 $0.1m^2$； 其他地下工程：总湿渍面积不应大于总防水面积的 2/1000，任意 $100m^2$ 防水面积上的湿渍不超过 3 处，单个湿渍的最大面积不小于 $0.2m^2$；其中，隧道工程平均渗水量不大于 $0.05L/(m^2 \cdot d)$，任意 $100m^2$ 防水面积上的渗水量不大于 $0.15L/(m^2 \cdot d)$
三级	有少量漏水点，不得有线流和漏泥砂； 任意 $100m^2$ 防水面积上的漏水或湿渍点数不超过 7 处，单个漏水点的最大漏水量不大于 2.5L/d，单个湿渍的最大面积不大于 $0.3m^2$
四级	有漏水点，不得有线流和漏泥砂； 整个工程平均漏水量不大于 $2L/(m^2 \cdot d)$，任意 $100m^2$ 防水面积上的平均漏水量不大于 $4L/(m^2 \cdot d)$

明挖法（敞口开挖基坑，再在基坑中修建地下工程，最后用土石等回填的施工方法）和

暗挖法（不挖开地面，采用从施工通道在地下开挖、支护、衬护、衬砌的方式修建隧道等地下工程的施工方法）地下工程的防水设防应分别按表 2-41 和表 2-42 选用。

表 2-41 明挖法地下工程防水设防

工程部位	主体结构							施工缝							后浇带				变形缝、诱导缝					
防水措施	防水混凝土	防水砂浆	防水卷材	膨润土防水材料	防水涂料	塑料防水板	金属板	遇水膨胀止水条或止水胶	中埋式止水带	外贴式止水带	外抹防水砂浆	外涂防水涂料	水泥基渗透结晶型防水涂料	预埋注浆管	遇水膨胀止水条或止水胶	外贴式止水带	补偿收缩混凝土	预埋注浆管	外贴式止水带	中埋式止水带	防水嵌缝材料	外贴防水卷材	外涂防水涂料	可卸式止水带
防水等级 一级	应选	应选一种至二种						应选二种							应选	应选二种			应选	应选二种				
防水等级 二级	应选	应选一种						应选一种至二种							应选	应选一种至二种			应选	应选一种至二种				
防水等级 三级	应选	宜选一种						宜选一种至二种							应选	宜选一种至二种			应选	宜选一种至二种				
防水等级 四级	应选	—						宜选一种							应选	宜选一种			应选	宜选一种				

表 2-42 暗挖法地下工程防水设防

工程部位	衬砌结构							内衬施工缝						内衬砌变形缝、诱导缝			
防水措施	防水混凝土	防水砂浆	防水卷材	膨润土防水材料	防水涂料	塑料防水板	金属板	遇水膨胀止水条或止水胶	中埋式止水带	外贴式止水带	防水密封材料	水泥基渗透结晶型防水涂料	预埋注浆管	中埋式止水带	防水嵌缝材料	外贴式止水带	可卸式止水带
防水等级 一级	应选	应选一种至二种						应选一种至二种						应选	应选一种至二种		
防水等级 二级	应选	应选一种						应选一种						应选	应选一种		
防水等级 三级	应选	宜选一种						宜选一种						应选	宜选一种		
防水等级 四级	应选	宜选一种						宜选一种						应选	宜选一种		

说明，无论采用的是明挖法或暗挖法地下工程防水设防，主体或衬砌应首先选用防水混凝土，当工程防水等级为一级时，应再增设一至两道其他防水层；当工程为二级时，应再增设一道其他防水层；对于施工缝、后浇带、变形缝，应根据不同防水等级选用不同的防水措施，防水等级越高，拟采用的措施越多。

2. 地下工程防水设防要求

地下工程的防水应包括两个部分内容：一是主体防水，二是细部构造防水。目前，主体采用防水混凝土结构自防水的效果尚好，而细部构造（施工缝、变形缝、后浇带、诱导缝）的渗漏水现象最为普遍，工程界有所谓“十缝九漏”之称。

当工程的防水等级为1～3级时，还应在防水混凝土的粘接表面增设一至两道其他防水层，称谓“多道设防”。一道防水设防的涵义应是具有单独防水能力的一个防水层。多道设防时，所增设的防水层可采用多道卷材，亦可采用卷材、涂料、刚性防水复合使用。多道设防主要利用不同防水材料的材性，体现地下防水工程“刚柔相济”的设计原则。

过去人们一直认为混凝土是永久性材料，但通过实践人们逐渐认识混凝土在地下工程中会受到地下水的侵蚀，其耐久性会受到影响。防水等级为1、2级的工程，大多是比较重要、使用年限较长的工程，单靠用防水混凝土来抵抗地下水的侵蚀其效果是有限的。同样，对细部构造应根据不同防水等级选用不同的防水措施，防水等级越高，所采用的防水措施越多。

综上所述，地下工程的防水设计和施工，应符合“防、排、截、堵相结合，刚柔相济，因地制宜，综合治理”的原则。在选用地下工程防水设防时，不得按两表生搬硬套，应根据结构特点、使用年限、材料性能、施工方法、环境条件等因素合理地使用材料。

3. 专业防水资质要求

防水作业是保证地下防水工程质量的关键，是对防水材料的一次再加工。目前我国一些地区由于使用不懂防水技术的农村副业队或新工人进行防水作业，以致造成工程渗漏的严重后果。故强调必须建立具有相应资质的专业防水施工队伍，施工人员必须经过理论与实际施工操作的培训，并持有建设行政主管部门或其指定单位颁发的执业资格证书或上岗证。

4. 施工前应做好的各项准备工作

通过图纸会审，施工单位既要对设计质量把关，又要掌握地下工程防水构造设计的要点，施工前还应有针对性的确保防水工程质量的施工方案和技术措施。施工单位对地下防水工程的各工序应按企业标准进行质量控制，编制防水工程的施工方案或技术措施。

5. 原材料质量

防水工程所使用的防水材料，必须经过省级以上建设行政主管部门资质认可和质量技术监督部门计量认证的检测单位进行检测，并出具产品质量检验报告。其目的是要控制进入市场的材料，保证材料的品种、规格、性能等符合国家标准或行业标准的要求。

对进入现场的材料还应按验收规范规定进行抽样复试。如发现不合格的材料进入现场，应责令其清退出场，决不允许使用到工程上。

6. 工序的控制

工序或分项工程的质量验收，应在操作人员自检合格的基础上，进行工序之间的交接检和专职质量人员的检查，检查结果应有完整的记录，然后由监理工程师代表建设单位进行检查和确认。特别注意，工程隐蔽前，应由施工单位通知有关单位进行验收，并形成隐蔽工程验收记录；未经监理单位或建设单位代表对上道工序的检查确认，不得进行下道工序的施工。

7. 防水材料的选用与现场抽样复验

（1）主体结构防水工程和细部构造防水工程应按结构层、变形缝或后浇带等施工段划分检验批。

（2）特殊施工法结构防水工程应按隧道区间、变形缝等施工段划分检验批。

（3）排水工程和注浆工程应各为一个检验批。

（4）各检验批的抽样检验数量：细部构造应为全数检查，其他均应符合规范要求。

8. 地下水位的控制

进行防水结构或防水层施工，现场应做到无水、无泥浆，这是保证地下防水工程施工质量的一个重要条件。因此，在地下防水工程施工期间必须做好周围环境的排水和降低地下水位的工作。排除基坑周围的地面水和基坑内的积水，以便在不带水和泥浆的基坑内进行施工。排水时应注意避免基土的流失，防止因改变基底的构造而导致地面沉陷。

为了确保地下防水工程的施工质量，本条明确规定地下水位要求降低至防水工程底部最低高程以下 500mm 的位置，并应保持已降的地下水位至整个防水工程完成。

9. 环境气温条件的要求

地下防水工程的防水层，严禁在雨天、雪天和五级风及其以上时施工，其施工环境气温条件宜符合表 2-43 的规定。

表 2-43 防水材料环境气温条件

防水材料	施工环境气温条件
高聚物改性沥青防水卷材	冷粘法、自粘法不低于 5℃，热熔法不低于－10℃
合成高分子防水卷材	冷粘法、自粘法不低于 5℃，焊接法不低于－10℃
有机防水涂料	溶剂型－5～35℃，反应型、水乳性 5～35℃
无机防水涂料	5～35℃
防水混凝土、水泥砂浆	5～35℃
膨润土防水材料	不低于－20℃

注：在地下工程的防水层施工时，气候条件对其影响是很大的。雨天施工会使基层含水率增大，导致防水层粘接不牢；气温过低时铺贴卷材，易出现开卷时卷材发硬、脆裂，严重影响防水层质量；低温涂刷涂料，涂层易受冻且不成膜；五级以上进行防水层施工操作，难以确保防水层质量和人身安全。故此表根据不同的材料性能及施工工艺，分别规定了适于施工的环境气温。

10. 地下防水工程分项工程的划分（表 2-44）

表 2-44 地下防水工程的分项工程

子分部工程		分项工程
地下防水工程	主体结构防水	防水混凝土、水泥砂浆防水层、卷材防水层、涂料防水层、塑料防水板防水层、金属板防水层、膨润土防水材料防水层
	细部构造防水	施工缝、变形缝、后浇带、穿墙管、埋设件、预留通道接头、桩头、孔口、坑、池
	特殊施工法结构防水	锚喷支护、地下连续墙、盾构隧道、沉井、逆筑结构
	排水	渗排水、盲沟排水、隧道排水、坑道排水、塑料排水板排水
	注浆	预注浆、后注浆、结构裂缝注浆

11. 地下防水工程的验收

我国对地下工程防水等级标准划分为四级，主要是根据国内工程调查资料和参考国外有关规定，结合地下工程不同的使用要求和我国实际情况，按允许渗漏水量来确定的，《地下防水工程质量验收规范》（GB 50208—2011）规定地下防水工程应按工程设计的防水等级标准进行验收；地下防水工程的渗漏水调查与量测方法，应按《地下防水工程质量验收规范》（GB 50208—2011）附录 C 执行。

(1) 渗漏水调查。

① 地下防水工程质量验收时，施工单位必须提供地下工程“背水内表面的结构工程展开图”。

② 房屋建筑地下室只调查围护结构内墙和底板。

③ 全埋设于地下的结构（地下商场、地铁车站、军事地下库等），除调查围护结构内墙和底板外，背水的顶板（拱顶）系重点调查目标。

④ 钢筋混凝土衬砌的隧道以及钢筋混凝土管片衬砌的隧道渗漏水调查的重点为上半环。

⑤ 施工单位必须在“背水内表面的结构工程展开图”上详细标示：

a. 在工程自检时发现的裂缝，并标明位置、宽度、长度和渗漏水现象。

b. 经修补、堵漏的渗漏水部位。

c. 防水等级标准容许的渗漏水现象位置。

⑥ 地下防水工程验收时，经检查、核对标示好的“背水内表面的结构工程展开图”必须纳入竣工验收资料。

(2) 渗漏水现象描述使用的术语、定义和标识符号，可按表 2-45 选用。

表 2-45　渗漏水现象描述使用的术语、定义和标识符号

术语	定义	标识符号
湿渍	地下混凝土结构背水面，呈现明显色泽变化的潮湿斑	#
渗水	水从地下混凝土结构衬砌内表面渗出，在背水的墙壁上可观察到明显的流挂水膜范围	○
水珠	悬垂在地下混凝土结构衬砌背水顶板（拱顶）的水珠，其滴落间隔时间超过1min称水珠现象	◇
滴漏	地下混凝土结构衬砌背水顶板（拱顶）渗漏水的滴落速度，每 min 至少 1 滴，称为滴漏现象	▽
线漏	指渗漏成线或喷水状态	↓

注：当被验收的地下工程有结露现象时，不宜进行渗漏水检测。

(3) 房屋建筑地下室渗漏水现象检测：

① 地下工程防水等级对“湿渍面积”与“总防水面积（包括顶板、墙面、地面）”的比例作了规定。按防水等级 2 级设防的房屋建筑地下室，单个湿渍的最大面积不大于 $0.1m^2$，任意 $100m^2$ 防水面积上的湿渍不超过 1 处。

② 湿渍的现象：湿渍主要是由混凝土密实度差异造成毛细现象或由混凝土容许裂缝（宽度小于 0.2mm）产生，在混凝土表面肉眼可见的“明显色泽变化的潮湿斑”。一般在人工通风条件下可消失，即蒸发量大于渗入量的状态。

③ 湿渍的检测方法：检查人员用干手触摸湿斑，无水分浸润感觉。用吸墨纸或报纸贴附，纸不变颜色。检查时，要用粉笔勾画出湿渍范围，然后用钢尺测量高度和宽度，计算面积，标示在“展开图”上。

④ 渗水的现象：渗水是由于混凝土密实度差异或混凝土有害裂缝（宽度大于 0.2mm）而产生的地下水连续渗入混凝土结构，在背水的混凝土墙壁表面肉眼可观察到明显的流挂水膜范围，在加强人工通风的条件下也不会消失，即渗入量大于蒸发量的状态。

⑤ 渗水的检测方法：检查人员用干手触摸可感觉到水分浸润，手上会沾有水分。用吸墨纸或报纸贴附，纸会浸润变颜色。检查时，要用粉笔勾画出渗水范围，然后用钢尺测量高度和宽度，计算面积，标示在“展开图”上。

二、防水混凝土

防水混凝土是以调整混凝土配合比或掺加外加剂等方法，来提高混凝土本身的密实性和抗渗性，使其具有一定防水功能的特殊混凝土，常用的防水混凝土有普通防水混凝土、外加剂防水混凝土（减水剂、防水剂、膨胀剂）。它适用于抗渗等级不小于 P6 的地下混凝土结构，不适用于环境温度高于 80℃的地下工程。

1. 质量控制及施工要点

（1）材料质量要求

① 宜采用普通硅酸盐水泥或硅酸盐水泥，采用其他品种水泥时应经试验确定。

② 砂宜用中粗砂，含泥量不应大于 3.0%，泥块含量不宜大于 1.0%。

③ 外加剂的技术性能应符合现行国家标准《混凝土外加剂应用技术规范》（GB 50119—2013）的质量要求。

④ 粉煤灰的级别不应低于Ⅱ级，烧失量不应大于 5%。

（2）防水混凝土的配合比规定

① 试配要求的抗渗水压值应比设计值提高 0.2MPa。

② 水泥用量不宜少于 260kg/m^3。

③ 砂率宜为 35%～40%，灰砂比宜为 1∶1.5～1∶2.5。

④ 普通防水混凝土坍落度不宜大于 50mm，泵送时入泵坍落度宜为 120～160mm。

（3）防水混凝土拌制和浇筑规定

① 必须采用机械搅拌，搅拌时间不应少于 2min。

② 防水混凝土抗渗性能评定，应采用标准条件下养护混凝土抗渗试件进行试验，连续浇筑混凝土每 500m^3 应留置一组抗渗试件（一组为 6 个抗渗试件）。

（4）防水混凝土质量检验数量的规定

① 应按混凝土外露面积每 100m^2 抽查一处，每处 10m^2，且不得少 3 处。

② 细部构造是地下防水工程渗漏水的薄弱环节，故要全数检查。

2. 主控项目及检验方法

（1）防水混凝土的原材料、配合比及坍落度必须符合设计要求。

检验方法：检查产品合格证、产品性能检测报告、计量措施和材料进场检验报告。

（2）防水混凝土的抗压强度和抗渗压力必须符合设计要求。

检验方法：检查混凝土抗压强度、抗渗性能检验报告。

（3）防水混凝土的变形缝、施工缝、后浇带、穿墙管道、埋设件等设置和构造，均需符合设计要求，严禁有渗漏。

检验方法：观察检查和检查隐蔽工程验收记录。

3. 一般项目及检验方法

（1）防水混凝土结构表面应坚实、平整，不得有漏筋、蜂窝等缺陷。

检验方法：观察检查。

(2) 防水混凝土结构表面的裂缝宽度不应大于0.2mm，且不得贯通。

检验方法：用刻度放大镜检查。

(3) 防水混凝土结构厚度不应小于250mm，其允许偏差为+8mm、-5mm；主体结构迎水面钢筋保护层厚度不应小于50mm，其允许偏差为±5mm。

检验方法：尺量检查和检查隐蔽工程验收记录。

三、水泥砂浆防水层——刚性防水

利用素灰和水泥砂浆分层交替抹压密实而形成的多层防水层。鉴于水泥砂浆防水层系刚性防水材料，适应基层变形能力差，因此不适用于环境有侵蚀性、持续振动或温度大于80℃的地下工程。有时做成四层，有时做成五层。

1. 施工要点

(1) 水泥砂浆防水层各层之间必须结合牢固，无空鼓。

(2) 每层宜连续施工，必须留施工缝时应采用阶梯坡形槎，但离开阴阳角不得少于200mm。

(3) 防水层的阴阳角处应做成圆弧形。

(4) 水泥砂浆终凝后应及时进行养护，养护温度不宜低于5℃，养护时间不得少于14天。

(5) 水泥砂浆防水层的施工质量检验数量，应按施工面积每100m^2抽查1处，每处10m^2，且不得少于3处。

2. 主控项目及检验方法

(1) 防水砂浆的原材料及配合比必须符合设计规定。

检验方法：检查产品合格证、产品性能检测报告、计量措施和材料进场检验报告。

(2) 防水砂浆的粘接强度和抗渗性能必须符合设计规定。

检验方法：检查砂浆粘接强度、抗渗性能检验报告。

(3) 水泥砂浆防水层与基层之间应结合牢固，无空鼓现象。

检验方法：观察和用小锤轻击检查。

3. 一般项目及检验方法

(1) 防水混凝土结构表面应密实、平整，不得有裂纹、起砂、麻面等缺陷。

检验方法：观察检查。

(2) 水泥砂浆防水层施工缝留槎位置应正确，接槎应按层次顺序操作，层层搭接紧密。

检验方法：观察检查和检查隐蔽工程验收记录。

(3) 水泥砂浆防水层的平均厚度应符合设计要求，最小厚度不得小于设计厚度的85%。

检验方法：用针测法检查。

(4) 水泥砂浆防水层表面平整度的允许偏差应为5mm。

检验方法：用2m靠尺和楔形塞尺检查。

四、卷材防水层

地下工程卷材防水层适用于在混凝土结构或砌体结构迎水面铺贴，一般采用外防外贴和外防内贴两种施工方法。由于外防外贴法的防水效果优于外防内贴法，所以在施工场地和条件不受限制时一般均采用外防外贴法。卷材防水层适用于受侵蚀性介质或受振动作用的地下工程主体迎水面铺贴的防水层。

1. 施工要求

（1）两幅卷材短边和长边搭接宽度均不应小于 100mm，采用多层卷材时，上下两层和相邻两幅卷材的接缝应错开 1/3～1/2 幅宽，且两层卷材不得相互垂直铺贴。

（2）厚度小于 3mm 的高聚物改性沥青防水卷材，严禁采用热熔施工。

（3）底板垫层、侧墙和顶板部位卷材防水层，铺贴完成后应作保护层，防止后续施工将其损坏。顶板保护层考虑顶板上部使用机械回填碾压时，细石混凝土保护层厚度应大于 70mm。规范中建议保护层与防水层间设置隔离层（如采用干铺油毡），主要是防止保护层伸缩而破坏防水层。

（4）卷材防水层的施工质量检验数量，应按铺贴面积每 $100m^2$ 抽查 1 处，每处 $10m^2$，且不得少于 3 处。

2. 主控项目及检验方法

（1）卷材防水层所用卷材及配套材料必须符合设计要求。

检验方法：检查出厂合格证、质量检验报告和现场抽样试验报告。

（2）卷材防水层及其转角处、变形缝、施工缝、穿墙管道等细部做法均须符合设计要求。

检验方法：观察检查和检查隐蔽工程验收记录。

3. 一般项目及检验方法

（1）卷材防水层的搭接缝应粘贴或焊接牢固，密封严密，不得有扭曲、折皱、翘边和起泡等缺陷。

检验方法：观察检查。

（2）采用外防外贴法铺贴卷材防水层时，立面卷材接槎的搭接宽度，高聚物改性沥青类卷材应为 150mm，合成高分子类卷材应为 100mm，且上层卷材应盖过下层卷材。

检验方法：观察和尺量检查。

（3）侧墙卷材防水层的保护层与防水层应粘贴牢固，结合紧密、保护层厚度应符合设计要求。

检验方法：观察和尺量检查。

（4）卷材搭接宽度的允许偏差为－10mm。

检验方法：观察和尺量检查。

4. 工程质量事故

（1）结构的沉降拉裂卷材防水层造成渗漏。

（2）防水层施工质量问题。

① 把好材料关。

② 严格按施工验收规范的要求施工，气温低于 5℃时绝对不允许施工。

五、细部构造

1. 施工缝

施工缝是防水的薄弱部位，常因处理不当而在这个部位产生渗漏，因此，现行效果较好的方式是采用止水带、遇水膨胀止水条或止水胶等防水设防，使施工缝处不产生渗漏。

(1) 主控项目及检验方法

① 施工缝用止水带、遇水膨胀止水条或止水胶等防水材料必须符合设计要求。

检验方法：检查产品合格证、产品性能检测报告和材料进场检验报告。

② 施工缝防水构造必须符合设计要求。

检验方法：观察检查和检查隐蔽工程验收记录。

(2) 一般项目及检验方法

① 墙体水平施工缝应留设在高出地板表面不小于300mm的墙体上。拱、板与墙结合的水平施工缝，宜留在拱、板与墙交接处以下150～300mm处，垂直施工缝应避开地下水和裂隙水较多的地段，并宜与变形缝相结合。

检验方法：观察检查和检查隐蔽工程验收记录。

② 在施工缝处继续浇筑混凝土时，已浇筑的混凝土抗压强度不应小于1.2MPa。

检验方法：观察检查和检查隐蔽工程验收记录。

③ 水平、垂直施工缝浇筑混凝土前，应将其表面浮浆和杂物清除，然后铺设净浆、涂刷混凝土界面处理剂，再铺30～50mm厚的1∶1水泥砂浆，并及时浇筑混凝土。

检验方法：观察检查和检查隐蔽工程验收记录。

(3) 处理方法　施工缝部位应认真做好防水处理，使两层之间粘接密实和延长渗水线路，阻隔地下水的渗透。

施工缝的断面可做成不同形式。传统的处理方法是将混凝土施工缝做成凹凸型接缝和阶梯接缝，此类接缝可以延长渗水线路，但是清理困难，不便施工。实践证明效果并不理想，因此，采用留平缝加设遇水膨胀橡胶腻子止水条或是埋止水带的方法是可取的。

2. 变形缝

变形缝要考虑工程结构的沉降、伸缩的可变性，并保证其在变化中的密闭性，不产生渗漏水现象。同时，要注意施工质量。目前采用较多的防水方式是中埋式止水带。

(1) 主控项目及检验方法

① 变形缝用止水带、填缝材料或密封材料必须符合设计要求。

检验方法：检查产品合格证、产品性能检测报告和材料进场检验报告。

② 变形缝防水构造必须符合设计要求。

检验方法：观察检查和检查隐蔽工程验收记录。

③ 中埋式止水带埋设位置应准确，其中间空心圆环与变形缝的中心线应重合。

检验方法：观察检查和检查隐蔽工程验收记录。

(2) 一般项目及检验方法

① 中埋式止水带的接缝应设在边墙较高位置上，不得设在结构转角处；接头宜采用热压焊接，接缝应平整、牢固，不得有裂口和脱胶现象。

检验方法：观察检查和检查隐蔽工程验收记录。

② 嵌填密封材料的缝内两侧基面应平整、洁净、干燥，并应涂刷基层处理剂；嵌缝底部应设置背衬材料；密封材料嵌填应严密、连续、饱满，粘接牢固。

检验方法：观察检查和检查隐蔽工程验收记录。

③ 变形缝处表面粘接卷材或涂刷涂料前，应在缝上设置隔离层和加强层。

检验方法：观察检查和检查隐蔽工程验收记录。

(3) 处理方法

防水混凝土结构内的变形缝应满足密封防水，适应变形，施工方便，检查容易等要求。宽度宜为20～30mm。

① 对水压力小于0.03MPa，变形量小于10mm的变形缝，可采用弹性密封防水材料填密或粘贴橡胶片。

② 对水压大于0.3MPa、变形量为20～30mm、结构厚度大于等于300mm的变形缝，应采用中埋式橡胶止水带。

3. 后浇带

后浇带是一种混凝土刚性接缝，适用于不宜设置柔性变形缝的结构。

为防止混凝土由于收缩和温度差效应而产生裂缝，一般在防水混凝土结构较长或体积较大时设置后浇带。防水混凝土后浇带应设置在受力和变形较小而收缩应力最大的部位，其宽度一般为0.7～1.0m，并可采用垂直平缝或阶梯缝。

(1) 主控项目及检验方法

① 后浇带用遇水膨胀止水条或止水胶、预埋注浆管、外贴式止水带必须符合设计要求。

检验方法：检查产品合格证、产品性能检测报告和材料进场检验报告。

② 后浇带防水构造必须符合设计要求。

检验方法：观察检查和检查隐蔽工程验收记录。

③ 采用掺膨胀剂的补偿收缩混凝土，其抗压强度、抗渗性能和限制膨胀率必须符合设计要求。

检验方法：检查混凝土抗压强度、抗渗性能和水中养护14d后的限制膨胀率检验报告。

(2) 一般项目及检验方法

① 补偿收缩混凝土浇筑前，后浇带部位和外贴式止水带应采取保护措施。

检验方法：观察检查。

② 后浇带混凝土应一次浇筑，不得留设施工缝；混凝土浇筑后应及时养护，养护时间不得少于28d。

检验方法：观察检查和检查隐蔽工程验收记录。

(3) 处理方法

在接缝前，应将接缝处的混凝土凿毛，保持湿润，并涂刷水泥净浆或胶结剂（界面剂），而后用不低于两侧混凝土强度等级的补偿收缩混凝土进行施工，可以保证后浇筑混凝土具有一定的补偿收缩性能。见图2-1。

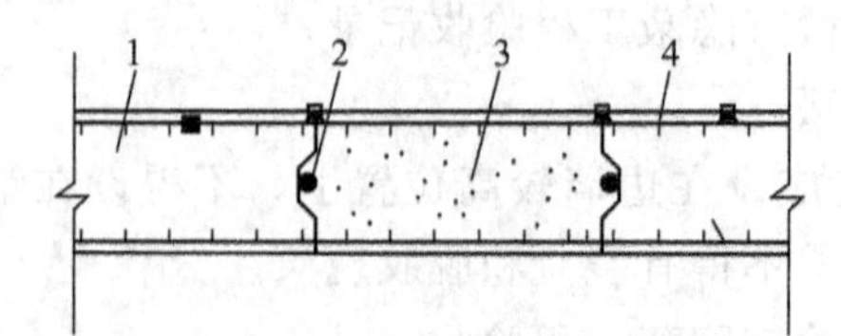

图2-1 后浇带防水构造

1—先浇混凝土；2—BW止水条；3—后浇补偿收缩混凝土；4—结构主筋

4. 穿墙管

(1) 主控项目及检验方法

① 穿墙管用遇水膨胀止水条和密封材料必须符合设计要求。

检验方法：检查产品合格证、产品性能检测报告和材料进场检验报告。

② 穿墙管防水构造必须符合设计要求。

检验方法：观察检查和检查隐蔽工程验收记录。

(2) 一般项目及检验方法

① 当主体结构迎水面有柔性防水层时，防水层与穿墙管连接处应增设加强层。

检验方法：观察检查和检查隐蔽工程验收记录。

② 密封材料嵌填应密实、连续、饱满、粘接牢固。

检验方法：观察检查和检查隐蔽工程验收记录。

能力训练题

简答题

1. 什么是地下防水工程？什么是地下工程的防水等级？地下工程的防水等级分为哪几级？

2. 简述地下防水工程渗漏水调查与测量方法。

3. 防水混凝土材料质量有何要求？配合比有何规定？拌制和浇筑有何规定？其质量检验数量有何规定？

4. 简述防水混凝土各主控项目及检验方法。

5. 简述防水混凝土各一般项目及检验方法。

6. 水泥砂浆防水层材料质量有何要求？配合比有何规定？施工注意事项有哪些？施工质量有何要求？其质量检验数量有何规定？

7. 简述水泥砂浆防水层各一般项目及检验方法。

8. 简述水泥砂浆防水层各主控项目及检验方法。

9. 卷材防水层材料质量有何要求？

10. 简述卷材防水层各主控项目及检验方法。

11. 简述卷材防水层各一般项目及检验方法。

12. 防水涂料如何选择？

13. 简述涂料防水层各主控项目及检验方法。

14. 简述涂料防水层各一般项目及检验方法。

15. 细部构造指哪些部位？主控项目及一般项目的检验方法有哪些？

第三章

主体结构工程质量验收

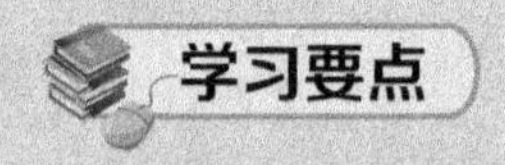

掌握砌筑砂浆的质量检验标准。

掌握混凝土小型空心砌块砌体质量检验标准。

掌握填充墙砌体质量检验标准。

掌握配筋砌体质量检验标准。

了解砖砌体质量检验标准。

熟悉冬期施工的质量检验标准。

熟悉子分部工程验收的质量检验标准。

案例导读

某工程±0.000m 以下部分砌体采用蒸压灰砂砖，M10 水泥砂浆砌筑，同等级水泥砂浆双面抹面 20mm 厚。±0.000m 以上砌体外墙采用多孔砖，M5 混合砂浆砌筑，内墙采用加气混凝土砌块，M5 混合砂浆砌筑，砌体等级为 B 级。本工程抗震等级：非抗震，抗震设防烈度小于 6 度。

第一节　砌体工程

一、砌体结构工程施工质量验收基本规定

(1) 砌体结构工程所用的材料应有产品的合格证书、产品性能型式检测报告，质量应符合国家现行有关标准的要求。块体、水泥、钢筋、外加剂尚应有材料主要性能的进场复验报告，并应符合设计要求。严禁使用国家明令淘汰的材料。

(2) 砌体结构工程施工前，应编制砌体结构工程施工方案。

(3) 砌体结构的标高、轴线，应引自基准控制点。

(4) 砌筑基础前，应校核放线尺寸，允许偏差应符合表 3-1 的规定。

表 3-1　放线尺寸的允许偏差

长度 L、宽度 B/m	允许偏差/mm	长度 L、宽度 B/m	允许偏差/mm
L(或 B)≤30	±5	60<L(或 B)≤90	±15
30<L(或 B)≤60	±10	L(或 B)>90	±20

(5) 伸缩缝、沉降缝、防震缝中的模板应拆除干净，不得夹有砂浆、块体及碎渣等杂物。

(6) 砌筑顺序应符合下列规定：

① 基底标高不同时，应从低处砌起，并应由高处向低处搭砌。当设计无要求时，搭接长度 L 不应小于基础底的高差 H，搭接长度范围内下层基础应扩大砌筑。

② 砌体的转角处和交接处应同时砌筑。当不能同时砌筑时，应按规定留槎、接槎。

(7) 砌筑墙体应设置皮数杆。

(8) 在墙上留置临时施工洞口，其侧边离交接处墙面不应小于 500mm，洞口净宽度不应超过 1m。抗震设防烈度为 9 度的地区建筑物的临时施工洞口位置，应会同设计单位确定。临时施工洞口应做好补砌。

(9) 不得在下列墙体或部位设置脚手眼：

① 120mm 厚墙、清水墙、料石墙、独立柱和附墙柱。

② 过梁上与过梁成 60°角的三角形范围及过梁净跨度 1/2 的高度范围内。

③ 宽度小于 1m 的窗间墙。

④ 门窗洞口两侧石砌体 300mm，其他砌体 200mm 范围内；转角处石砌体 600mm，其他砌体 450mm 范围内。

⑤ 梁或梁垫下及其左右 500mm 范围内。

⑥ 设计不允许设置脚手眼的部位。

⑦ 轻质墙体。

⑧ 夹心复合墙外叶墙。

(10) 脚手眼补砌时，应清除脚手眼内掉落的砂浆、灰尘；脚手眼处砖及填塞用砖应湿润，并应填实砂浆。

(11) 设计要求的洞口、管道、沟槽应于砌筑时正确留出或预埋，未经设计同意，不得打凿墙体和在墙体上开凿水平沟槽。宽度超过 300mm 的洞口上部，应设置钢筋混凝土过梁。不应在截面长边小于 500mm 的承重墙体、独立柱内埋设管线。

(12) 尚未施工楼板或屋面的墙或柱，其抗风允许自由高度不得超过表 3-2 的规定。如超过表中限值时，必须采用临时支撑等有效措施。

表 3-2 墙和柱的允许自由高度 单位：m

墙(柱)厚/mm	砌体密度>1600/(kg/m³)			砌体密度 1300～1600/(kg/m³)		
	风载/(kN/m²)			风载/(kN/m²)		
	0.3(约7级风)	0.4(约8级风)	0.5(约9级风)	0.3(约7级风)	0.4(约8级风)	0.5(约9级风)
190	—	—	—	1.4	1.1	0.7
240	2.8	2.1	1.4	2.2	1.7	1.1
370	5.2	3.9	2.6	4.2	3.2	2.1
490	8.6	6.5	4.3	7.0	5.2	3.5
620	14.0	10.5	7.0	11.4	8.6	5.7

注：1. 本表适用于施工处相对标高 H 在 10m 范围的情况。如 10m<H≤15m，15m<H≤20m 时，表中的允许自由高度应分别乘以 0.9、0.8 的系数；如果 H>20m 时，应通过抗倾覆验算确定其允许自由高度。

2. 当所砌筑的墙有横墙或其他结构与其连接，而且间距小于表中相应墙、柱的允许自由高度的 2 倍时，砌筑高度可不受本表的限制。

3. 当砌体密度小于 1300kg/m³ 时，墙和柱的允许自由高度应另行验算确定。

(13) 砌体完基础或每一楼层后，应校核砌体轴线和标高。在允许范围内，轴线偏差可在基础顶面或楼面上校正，标高偏差宜通过调整上部砌体灰缝厚度校正。

(14) 搁置预制梁、板的砌体顶面应平整，标高应一致。

(15) 砌体施工质量控制等级分为三级，并应按表 3-3 划分。

表 3-3 施工质量控制等级

项目	施工质量控制等级		
	A	B	C
现场质量管理	监督检查制度健全，并严格执行；施工方有在岗专业技术管理人员，人员齐全，并持证上岗	监督检查制度基本健全，并能执行；施工方有在岗专业技术管理人员，人员齐全，并持证上岗	有监督检查制度；施工方有在岗专业技术管理人员
砂浆、混凝土强度	试块按规定制作，强度满足验收规定，离散性小	试块按规定制作，强度满足验收规定，离散性较小	试块按规定制作，强度满足验收规定，离散性大
砂浆拌和	机械拌和；配合比计量控制严格	机械拌和；配合比计量控制一般	机械或人工拌和；配合比计量控制较差
砌筑工人	中级工以上，其中，高级工不少于 30%	高、中级工不少于 70%	初级工以上

注：1. 砂浆、混凝土强度离散性大小根据强度标准差确定。

2. 配筋砌体不得为 C 级施工。

(16) 砌体结构中钢筋(包括夹心复合墙内外叶墙间的拉接件或钢筋)的防腐，应符合设计要求。

(17) 雨天不宜在露天砌筑墙体，对下雨当日砌筑的墙体应进行遮盖。继续施工时，应复核墙体的垂直度，如果垂直度超过允许偏差，应拆除重新砌筑。

(18) 砌体施工时，楼面和屋面堆载不得超过楼板的允许荷载值。当施工层进料口处施工荷载较大时，楼板下宜采取临时支撑措施。

(19) 正常施工条件下，砖砌体、小砌块砌体每日砌筑高度宜控制在1.5m或一步脚手架高度内；石砌体不宜超过1.2m。

(20) 砌体结构工程检验批的划分应同时符合下列规定：

① 所用材料类型及同类型材料的强度等级相同。

② 不超过250m^3砌体。

③ 主体结构砌体一个楼层(基础砌体可按一个楼层计)，填充墙砌体量少时可多个楼层合并。

(21) 砌体结构工程检验批验收时，其主控项目应全部符合本规范的规定；一般项目应有80%及以上的抽检处符合本规范的规定；有允许偏差的项目，最大超差值为允许偏差值的1.5倍。

(22) 砌体结构分项工程中检验批抽检时，各抽检项目的样本最小容量除有特殊要求外，按不小于5确定。

(23) 在墙体砌筑过程中，当砌筑砂浆初凝后，块体被撞动或需移动时，应将砂浆清除后再铺浆砌筑。

(24) 分项工程检验批质量验收可按《砌体结构工程施工质量验收规范》(GB 50203—2011)规范附录A各相应记录表填写。

二、砌筑砂浆

(1) 水泥使用应符合下列规定：

① 水泥进场时应对其品种、等级、包装或散装仓号、出厂日期进行检查，并应对其强度、安定性进行复验，其质量必须符合现行国家标准《通用硅酸盐水泥》(GB 175—2007)的有关规定。

② 当在使用中对水泥质量有怀疑或水泥出厂超过三个月(快硬硅酸盐水泥超过一个月)时，应复查试验，并按其复验结果使用。

③ 不同品种的水泥，不得混合使用。

抽检数量：按同一生产厂家、同品种、同等级、同批号连续进场的水泥，袋装水泥不超过200t为一批，散装水泥不超过500t为一批，每批抽样不少于一次。

检验方法：检查产品合格证、出厂检验报告和进场复验报告。

(2) 砂浆用砂宜采用过筛中砂，并应满足下列要求：

① 不应混有草根、树叶、树枝、塑料、煤块、炉渣等杂物。

② 砂中含泥量、泥块含量、石粉含量、云母、轻物质、有机物、硫化物、硫酸盐及氯盐含量(配筋砌体砌筑用砂)等应符合现行行业标准《普通混凝土用砂、石质量及检验方法标准》(JGJ 52—2006)的有关规定。

③ 人工砂、山砂及特细砂，应经试配能满足砌筑砂浆技术条件要求。

(3) 拌制水泥混合砂浆的粉煤灰、建筑生石灰、建筑生石灰粉及石灰膏应符合下列规定：

① 粉煤灰、建筑生石灰、建筑生石灰粉的品质指标应符合现行行业标准《建筑生石灰》(JC/T 479—2013) 的有关规定。

② 建筑生石灰、建筑生石灰粉熟化为石灰膏，其熟化时间分别不得少于7d和2d；沉淀池中储存的石灰膏，应防止干燥、冻结和污染，严禁使用脱水硬化的石灰膏；建筑生石灰粉、消石灰粉不得代替石灰膏配制水泥石灰砂浆。

③ 石灰膏的用量，应按稠度120mm±5mm计量，现场施工中石灰膏不同稠度的换算系数，可按表3-4确定。

表3-4 石灰膏不同稠度的换算系数

稠度/mm	120	110	100	90	80	70	60	50	40	30
换算系数	1.00	0.99	0.97	0.95	0.93	0.92	0.90	0.88	0.87	0.86

(4) 拌制砂浆用水的水质，应符合现行行业标准《混凝土用水标准》(JGJ 63—2006) 的有关规定。

(5) 砌筑砂浆应进行配合比设计。当砌筑砂浆的组成材料有变更时，其配合比应重新确定。砌筑砂浆的稠度宜按表3-5的规定采用。

表3-5 砌筑砂浆的稠度

砌体种类	砂浆稠度/mm
烧结普通砖砌体 蒸压粉煤灰砖砌体	70～90
混凝土实心砖、混凝土多孔砖砌体 普通混凝土小型空心砌块砌体 蒸压灰砂砖砌体	50～70
烧结多孔砖、空心砖砌体 轻骨料小型空心砌块砌体 蒸压加气混凝土砌块砌体	60～80
石砌体	30～50

注：1. 采用薄灰砌筑法砌筑蒸压加气混凝土砌块砌体时，加气混凝土粘接砂浆的加水量按照其产品说明书控制。
2. 当砌筑其他块体时，其砌筑砂浆的稠度可根据块体吸水特性及气候条件确定。

(6) 施工中不应采用强度等级不大于M5水泥砂浆替代同强度等级水泥混合砂浆，如需替代，应将水泥砂浆提高一个强度等级。

(7) 在砂浆中掺入的砌筑砂浆增塑剂、早强剂、缓凝剂、防冻剂、防水剂等砂浆外加剂，其品种和用量应经有资质的检测单位检验和试配确定。所用外加剂的技术性能应符合国家现行有关标准《砌筑砂浆增塑剂》(JG/T 164—2004)、《混凝土外加剂》(GB 8076—2008)、《砂浆、混凝土防水剂》(JC 474—2008) 的质量要求。

(8) 配制砌筑砂浆时，各组分材料应采用质量计量，水泥及各种外加剂配料的允许偏差为±2%；砂、粉煤灰、石灰膏等配料的允许偏差为±5%。

(9) 砌筑砂浆应采用机械搅拌，搅拌时间自投料完算起应符合下列规定：

① 水泥砂浆和水泥混合砂浆不得少于120s。

② 水泥粉煤灰砂浆和掺用外加剂的砂浆不得少于180s。

③ 掺增塑剂的砂浆，其搅拌方式、搅拌时间应符合现行行业标准《砌筑砂浆增塑剂》(JG/T 164—2004) 的有关规定。

④ 干混砂浆及加气混凝土砌块专用砂浆宜按掺用外加剂的砂浆确定搅拌时间或按产品说明书采用。

(10) 现场拌制的砂浆应随拌随用，拌制的砂浆应 3h 内使用完毕；当施工期间最高气温超过 30℃时，应在 2h 内使用完毕。预拌砂浆及蒸压加气混凝土砌块专用砌筑砂浆的使用时间应按照厂方提供的说明书确定。

(11) 砌体结构工程使用的湿拌砂浆，除直接使用外必须储存在不吸水的专用容器内，并根据气候条件采取遮阳、保温、防雨雪等措施，砂浆在储存过程中严禁随意加水。

(12) 砌筑砂浆试块强度验收时其强度合格标准应符合下列规定：

① 同一验收批砂浆试块强度平均值应大于或等于设计强度等级值的 1.10 倍。

② 同一验收批砂浆试块抗压强度的最小一组平均值应大于或等于设计强度等级值的 85%。

注：① 砌筑砂浆的验收批，同一类型、强度等级的砂浆试块应不少于 3 组；同一验收批砂浆只有一组或二组试块时，每组试块抗压强度的平均值应大于或等于设计强度等级值的 1.1 倍；对于建筑结构的安全等级为一级或设计使用年限为 50 年及以上的房屋，同一验收批砂浆试块的数量不得少于 3 组。

② 砂浆强度应以标准养护，28d 龄期的试块抗压强度为准。

③ 制作砂浆试块的砂浆稠度应与配合比设计一致。

抽检数量：每一检验批且不超过 250m^3 砌体的各类、各强度等级的普通砌筑砂浆，每台搅拌机应至少抽检一次。验收批的预拌砂浆、蒸压加气混凝土砌块专用砂浆，抽检可为 3 组。

检验方法：在砂浆搅拌机出料口或在湿拌砂浆的储存容器出料口随机取样制作砂浆试块(现场拌制的砂浆，同盘砂浆只须制作一组试块)，试块标养 28d 后作强度试验。预拌砂浆中的湿拌砂浆稠度应在进场时取样检验。

(13) 当施工中或验收时出现下列情况，可采用现场检验方法对砂浆或砌体强度进行实体检测，并判定其强度：

① 砂浆试块缺乏代表性或试块数量不足。

② 对砂浆试块的试验结果有怀疑或有争议。

③ 砂浆试块的试验结果，不能满足设计要求。

④ 发生工程事故，需要进一步分析事故原因。

三、砖砌体工程

1. 一般规定

(1) 本部分适用于烧结普通砖、烧结多孔砖、混凝土多孔砖、混凝土实心砖、蒸压灰砂砖、蒸压粉煤灰砖等砌体工程。

(2) 用于清水墙、柱表面的砖，应边角整齐，色泽均匀。

(3) 砌体砌筑时，混凝土多孔砖、混凝土实心砖、蒸压灰砂砖、蒸压粉煤灰砖等块体的产品龄期不应小于 28d。

(4) 有冻胀环境和条件的地区，地面以下或防潮层以下的砌体，不应采用多孔砖。

(5) 不同品种的砖不得在同一楼层混砌。

(6) 砌筑烧结普通砖、烧结多孔砖、蒸压灰砂砖、蒸压粉煤灰砖砌体时，砖应提前1～2d适度湿润，严禁采用干砖或处于吸水饱和状态的砖砌筑，块体湿润程度宜符合下列规定：

① 烧结类块体的相对含水率为60%～70%。

② 混凝土多孔砖及混凝土实心砖不需要浇水湿润，但在气候干燥炎热的情况下，宜在砌筑前对其喷水湿润。其他非烧结类块体的相对含水率为40%～50%。

(7) 采用铺浆法砌筑砌体，铺浆长度不得超过750mm；当施工期间气温超过30℃时，铺浆长度不得超过500mm。

(8) 240mm厚承重墙的每层墙的最上一皮砖，砖砌体的阶台水平面上及挑出层的外皮砖，应整砖丁砌。

(9) 弧拱式及平拱式过梁的灰缝应砌成楔形缝，拱底灰缝宽度不宜小于5mm；拱顶灰缝宽度不应大于15mm，拱体的纵向及横向灰缝应填实砂浆；平拱式过梁拱脚下面应伸入墙内不小于20mm；砖砌平拱过梁底应有1%的起拱。

(10) 砖过梁底部的模板及其支架拆除时，灰缝砂浆强度不应低于设计强度的75%。

(11) 多孔砖的孔洞应垂直于受压面砌筑。半盲孔多孔砖的封底面应朝上砌筑。

(12) 竖向灰缝不应出现透明缝、瞎缝和假缝。

(13) 砖砌体施工临时间断处补砌时，必须将接槎处表面清理干净，洒水湿润，并填实砂浆，保持灰缝平直。

(14) 夹心复合墙的砌筑应符合下列规定：

① 墙体砌筑时，应采取措施防止空腔内掉落砂浆和杂物。

② 拉接件设置应符合设计要求，拉接件在叶墙上的搁置长度不应小于叶墙厚度的2/3，并不应小于60mm。

③ 保温材料品种及性能应符合设计要求。保温材料的浇筑压力不应对砌体强度、变形及外观质量产生不良影响。

2. 主控项目

(1) 砖和砂浆的强度等级必须符合设计要求。

抽检数量：每一生产厂家，烧结普通砖、混凝土实心砖每15万块，烧结多孔砖、混凝土多孔砖、蒸压灰砂砖及蒸压粉煤灰砖每10万块各为一验收批，不足上述数量时按1批计，抽检数量为1组。砂浆试块的抽检数量执行《砌体结构工程施工质量验收规范》(GB 50203—2011) 规范第4.0.12条的有关规定。

检验方法：查砖和砂浆试块试验报告。

(2) 砌体灰缝砂浆应密实饱满，砖墙水平灰缝的砂浆饱满度不得低于80%；砖柱水平灰缝和竖向灰缝饱满度不得低于90%。

抽检数量：每检验批抽查不应少于5处。

检验方法：用百格网检查砖底面与砂浆的粘接痕迹面积。每处检测3块砖，取其平均值。

(3) 砖砌体的转角处和交接处应同时砌筑，严禁无可靠措施的内外墙分砌施工。在抗震设防烈度为8度及8度以上的地区，对不能同时砌筑而又必须留置的临时间断处应砌成斜槎，普通砖砌体斜槎水平投影长度不应小于高度的2/3。多孔砖砌体的斜槎长高比不应小于1/2。斜槎高度不得超过一步脚手架的高度。

抽检数量：每检验批抽查不应少于5处。

检验方法：观察检查。

（4）非抗震设防及抗震设防烈度为6度、7度地区的临时间断处，当不能留斜槎时，除转角处外，可留直槎，但直槎必须做成凸槎，且应加设拉结钢筋，拉结钢筋应符合下列规定：

① 每120mm墙厚放置1ϕ6拉结钢筋（120mm厚墙应放置2ϕ6拉结钢筋）。

② 间距沿墙高不应超过500mm；且竖向间距偏差不应超过100mm。

③ 埋入长度从留槎处算起每边均不应小于500mm，对抗震设防烈度6度、7度的地区，不应小于1000mm。

④ 末端应有90°弯钩。

抽检数量：每检验批抽查不应少于5处。

检验方法：观察和尺量检查。

3. 一般项目

（1）砖砌体组砌方法应正确，内外搭砌，上、下错缝。清水墙、窗间墙无通缝；混水墙中不得有长度大于300mm的通缝，长度200～300mm的通缝每间不超过3处，且不得位于同一面墙体上。砖柱不得采用包心砌法。

抽检数量：每检验批抽查不应少于5处。

检验方法：观察检查。砌体组砌方法抽检每处应为3～5m。

（2）砖砌体的灰缝应横平竖直，厚薄均匀。水平灰缝厚度及竖向灰缝宽度宜为10mm，但不应小于8mm，也不应大于12mm。

抽检数量：每检验批抽查不应少于5处。

检验方法：水平灰缝厚度用尺量10皮砖砌体高度折算。竖向灰缝宽度用尺量2m砌体长度折算。

（3）砖砌体尺寸、位置的允许偏差及检验应符合表3-6的规定。

表3-6　砖砌体尺寸、位置的允许偏差及检验

序号	检查项目			允许偏差/mm	检验方法	抽检数量
1	轴线位移			10	用经纬仪和尺或用其他测量仪器检查	承重墙、柱全数检查
2	基础、墙、柱顶面标高			±15	用水准仪和尺检查	不应小于5处
3	墙面垂直度	每层		5	用2m托线板检查	不应小于5处
		全高	10m	10	用经纬仪、吊线和尺或其他测量仪器检查	外墙全部阳角
			10m	20		
4	表面平整度	清水墙、柱		5	用2m靠尺和楔形塞尺检查	不应小于5处
		混水墙、柱		8		
5	水平灰缝平直度	清水墙		7	拉5m线和尺检查	不应小于5处
		混水墙		10		
6	门窗洞口高、宽（后塞口）			±10	用尺检查	不应小于5处
7	外墙下下窗口偏移			20	以底层窗口为准，用经纬仪或吊线检查	不应小于5处
8	清水墙游丁走缝			20	以每层第一皮砖为准，用吊线和尺检查	不应小于5处

四、混凝土小型空心砌块砌体工程

1. 一般规定

（1）本部分适用于普通混凝土小型空心砌块和轻骨料混凝土小型空心砌块（以下简称小砌块）等砌体工程。

（2）施工前，应按房屋设计图编绘小砌块平，立面排列图，施工中应按排块图施工。

（3）施工采用的小砌块的产品龄期不应小于 28d。

（4）砌筑小砌块时，应清除表面污物、剔除外观质量不合格的小砌块。

（5）砌筑小砌块砌体，宜选用专用小砌块砌筑砂浆。

（6）底层室内地面以下或防潮层以下的砌体，应采用强度等级不低于 C20（或 Cb20）的混凝土灌实小砌块的孔洞。

（7）砌筑普通混凝土小型空心砌块砌体时，不需要对小砌块浇水湿润，如遇天气干燥炎热，宜在砌筑前对其喷水湿润；对轻骨料混凝土小砌块，应提前浇水湿润，块体的相对含水率宜为 40%～50%。雨天及小砌块表面有浮水时，不得施工。

（8）承重墙体使用的小砌块应完整、无缺损、无裂缝。

（9）小砌块墙体应对孔错缝搭砌。单排孔小砌块的搭接长度应为块体长度的 1/2；多排孔小砌块的搭接长度可适当调整，但不宜小于砌块长度的 1/3，且不应小于 90mm。墙体的个别部位不能满足上述要求时，应在灰缝中设置拉结钢筋或钢筋网片，但竖向通缝仍不得超过两皮小砌块。

（10）小砌块应将生产时的底面朝上反砌于墙上。

（11）小砌块墙体宜逐块坐（铺）浆砌筑。

（12）在散热器、厨房、卫生间等设备的卡具安装处砌筑的小砌块，宜在施工前用强度等级不低于 C20（或 Cb20）的混凝土将其孔洞灌实。

（13）每步架墙（柱）砌筑完后，应随即刮平墙体灰缝。

（14）芯柱处水上砌块墙体砌筑应符合下列规定：

① 每一楼层芯柱处第一皮砌体应采用开口水上砌块。

② 砌筑时应随砌随清除小砌块孔内的毛边，并将灰缝中挤出的砂浆刮净。

（15）芯柱混凝土宜选用专用小砌块灌孔混凝土。浇筑芯柱混凝土应符合下列规定：

① 每次连续浇筑的高度宜为半个楼层，但不应大于 1.8m。

② 浇筑芯柱混凝土时，砌筑砂浆强度应大于 1MPa。

③ 清除孔内掉落的砂浆等杂物，并用水冲淋孔壁。

④ 浇筑芯柱混凝土前，应先注入适量与芯柱混凝土相同的去石砂浆。

⑤ 每浇筑 400～500mm 高度捣实一次，或边浇筑边捣实。

（16）小砌块复合夹心墙的砌筑应符合《砌体结构工程施工质量验收规范》(GB 50203—2011）第 5.1.14 条的规定。

2. 主控项目

（1）小砌块和芯柱混凝土、砌筑砂浆的强度等级必须符合设计要求。

抽检数量：每一生产厂家，每 1 万块小砌块为一验收批，不足 1 万块按一批计，抽检数量为一组。用于多层以上建筑的基础和底层的小砌块抽检数量不应少于 2 组。砂浆试块的抽检数量应执行《砌体结构工程施工质量验收规范》（GB 50203—2011）第 4.0.12 条的有关规定。

检验方法：检查小砌块和芯柱混凝土、砌筑砂浆试块试验报告。

(2) 砌体水平灰缝和竖向灰缝的砂浆饱满度，按净面积计算不得低于90%。

抽检数量：每检验批抽查不应少于5处。

检验方法：用专用百格网检测小砌块与砂浆粘接痕迹，每处检测3块小砌块，取其平均值。

(3) 墙体转角处和纵横墙交接处应同时砌筑。临时间断处应砌成斜槎，斜槎水平投影长度不应小于斜槎高度。施工洞口可预留直槎，但在洞口砌筑和补砌时，应在直槎上下搭砌的小砌块孔洞内用强度等级不低于C20（或Cb20）的混凝土灌实。

抽检数量：每检验批抽查不应少于5处。

检验方法：观察检查。

(4) 小砌块砌体的芯柱在楼盖处应贯通，不得削弱芯柱截面尺寸；芯柱混凝土不得漏灌。

抽检数量：每检验批抽查不应少于5处。

检验方法：观察检查。

3. 一般项目

(1) 砌体的水平灰缝厚度和竖向灰缝宽度宜为10mm，但不应大于12mm，也不应小于8mm。

抽检数量：每检验批抽查不应少于5处。

抽检方法：水平灰缝用尺量5皮小砌块的高度折算；竖向灰缝宽度用尺量2m砌体长度折算。

(2) 小砌块砌体尺寸、位置的允许偏差应按《砌体结构工程施工质量验收规范》（GB 50203—2011）第5.3.3条的规定执行。

五、石砌体工程

1. 一般规定

(1) 本部分适用于毛石、毛料石、粗料石、细料石等砌体工程。

(2) 石砌体采用的石材应质地坚实，无裂纹和无明显风化剥落；用于清水墙、柱表面的石材，尚应色泽均匀；石材的放射性应经检验，其安全性应符合现行国家标准《建筑材料放射性核素限量》（GB 6566—2010）的有关规定。

(3) 石材表面的泥垢、水锈等杂质，砌筑前应清除干净。

(4) 砌筑毛石基础的第一皮石块应坐浆，并将大面向下；砌筑料石基础的第一皮石块应用丁砌层坐浆砌筑。

(5) 毛石砌体的第一皮及转角处、交接处和洞口处，应用较大的平毛石砌筑。每个楼层（包括基础）砌体的最上一皮，宜选用较大的毛石砌筑。

(6) 毛石砌筑时，对石块间存在的较大的缝隙，应先向缝内填灌砂浆并捣实，然后用小石块嵌填，不得先填小石块后填灌砂浆，石块间不得出现无砂浆相互接触现象。

(7) 砌筑毛石挡土墙应按分层高度砌筑，并应符合下列规定：

① 每砌3～4皮为一个分层高度，每个分层高度应将顶层石块砌平。

② 两个分层高度间分层处的错缝不得小于80mm。

(8) 料石挡土墙，当中间部分用毛石砌时，丁砌料石伸入毛石部分的长度不应小于200mm。

(9) 毛石、毛料石、粗料石、细料石砌体灰缝厚度应均匀，灰缝厚度应符合下列规定：

① 毛石砌体外露面的灰缝厚度不宜大于40mm。

② 毛料石和粗料石的灰缝厚度不宜大于20mm。

③ 细料石的灰缝厚度不宜大于5mm。

(10) 挡土墙的泄水孔当设计无规定时，施工应符合下列规定：

① 泄水孔应均匀设置，在每米高度上间隔2m左右设置一个泄水孔。

② 泄水孔与土体间铺设长宽各为300mm、厚200mm的卵石或碎石作疏水层。

(11) 挡土墙内侧回填土必须分层夯填，分层松土厚宜为300mm。墙顶土面应有适当坡度使流水流向挡土墙外侧面。

(12) 在毛石和实心砖的组合墙中，毛石砌体与砖砌体应同时砌筑，并每隔4～6皮砖用2～3皮丁砖与毛石砌体拉结砌合；两种砌体间的空隙应填实砂浆。

(13) 毛石墙和砖墙相接的转角处和交接处应同时砌筑。转角处、交接处应自纵墙（或横墙）每隔4～6皮砖高度引出不小于120mm与横墙（或纵墙）相接。

2. 主控项目

(1) 石材及砂浆强度等级必须符合设计要求。

抽检数量：同一产地的同类石材抽检不应小于一组。砂浆试块的抽检数量执行《砌体结构工程施工质量验收规范》(GB 50203—2011) 第4.0.12条的有关规定。

检验方法：料石检查产品质量证明书，石材、砂浆检查试块试验报告。

(2) 砌体灰缝的砂浆饱满度不应小于80%。

抽检数量：每检验批抽查不应少于5处。

检验方法：观察检查。

3. 一般项目

(1) 石砌体尺寸、位置的允许偏差及检验方法应符合表3-7的规定。

表3-7 石砌体尺寸、位置的允许偏差及检验方法

序号	检查项目		允许偏差/mm							检验方法
			毛石砌体		料石砌体					
					毛料石		粗料石		细料石	
			基础	墙	基础	墙	基础	墙	墙、柱	
1	轴线位置		20	15	20	15	15	10	10	用经纬仪和尺检查，或用其他测量仪器检查
2	基础和墙砌体顶面标高		±25	±15	±25	±15	±15	±15	±10	用水准仪和尺检查
3	砌体厚度		+30	+20 −10	+30	+20 −10	+15	+10 −5	+10 −5	用尺检查
4	墙面垂直度	每层	—	20	—	20	—	10	7	用经纬仪、吊线和尺检查，或用其他测量仪器检查
		全高	—	30	—	30	—	25	10	
5	表面平整度	清水墙、柱	—	—	—	20	—	10	5	细料石用2m靠尺和楔形塞尺检查，其他用两直尺垂直于灰缝拉2m线和尺检查
		混水墙、柱	—	—	—	30	—	15	—	
6	清水墙水平灰缝平直度		—	—	—	—	—	10	5	拉10m线和尺检查

抽检数量：每检验批抽查不应少于5处。

(2) 石砌体的组砌形式应符合下列规定：

① 内外搭砌，上下错缝，拉结石、丁砌石交错设置。

② 毛石墙拉结石每0.7m^2 墙面不应少于1块。

检查数量：每检验批抽查不应少于5处。

检验方法：观察检查。

六、配筋砌体工程

1. 一般规定

(1) 配筋砌体工程除应满足本章要求和规定外，尚应符合《砌体结构工程施工质量验收规范》(GB 50203—2011) 第5章及第6章的要求和规定。

(2) 施工配筋小砌块砌体剪力墙，应采用专用的小砌块砌筑砂浆砌筑，专用小砌块灌孔混凝土浇筑芯柱。

(3) 设置在灰缝内的钢筋，应居中置于灰缝内，水平灰缝厚度应大于钢筋直径4mm以上。

2. 主控项目

(1) 钢筋的品种、规格、数量和设置部位应符合设计要求。

检验方法：检查钢筋的合格证书、钢筋性能复试试验报告、隐蔽工程记录。

(2) 构造柱、芯柱、组合砌体构件、配筋砌体剪力墙构件的混凝土及砂浆的强度等级应符合设计要求。

抽检数量：每检验批砌体，试块不应小于1组，验收批砌体试块不得小于3组。

检验方法：检查混凝土和砂浆试块试验报告。

(3) 构造柱与墙体的连接处应符合下列规定：

① 墙体应砌成马牙槎，马牙槎凹凸尺寸不宜小于60mm，高度不应超过300mm，马牙槎应先退后进，对称砌筑；马牙槎尺寸偏差每一构造柱不应超过2处。

② 预留拉结钢筋的规格、尺寸、数量及位置应正确，拉结钢筋应沿墙高每隔500mm设2ϕ6，伸入墙内不宜小于600mm，钢筋的竖向移位不应超过100mm，且竖向移位每一构造柱不得超过2处。

③ 施工中不得任意弯折拉结钢筋。

抽检数量：每检验批抽查不应少于5处。

检验方法：观察检查和尺量检查。

(4) 配筋砌体中受力钢筋的连接方式及锚固长度、搭接长度应符合设计要求。

抽检数量：每检验批抽查不应少于5处。

检验方法：观察检查。

3. 一般项目

(1) 构造柱一般尺寸允许偏差及检验方法应符合表3-8的规定。

抽检数量：每检验批抽查不应少于5处。

(2) 设置在砌体灰缝中钢筋的防腐保护应符合《砌体结构工程施工质量验收规范》(GB 50203—2011) 第3.0.16条的规定，且钢筋保护层完好，不应有肉眼可见的裂纹、剥落和擦痕等缺陷。

表 3-8 构造柱一般尺寸允许偏差及检验方法

序号	检查项目			允许偏差/mm	检验方法
1	中心线位置			10	用经纬仪和尺检查或用其他测量仪器检查
2	层间错位			8	用经纬仪和尺检查，或用其他测量仪器检查
3	垂直度	每层		10	用 2m 托线板检查
		全高	≤10m	15	用经纬仪、吊线和尺检查，或用其他测量仪器检查
			>10m	20	

抽检数量：每检验批抽查不应少于 5 处。

检验方法：观察检查。

（3）网状配筋砖砌体中，钢筋网规格及放置间距应符合设计规定。每一构件钢筋网沿砌体高度位置超过设计规定一皮砖厚不得多于 1 处。

抽检数量：每检验批抽查不应少于 5 处。

检验方法：通过钢筋网成品检查钢筋规格，钢筋网放置间距采用局部剔缝观察，或用探针刺入灰缝内检查，或用钢筋位置测定仪测定。

（4）钢筋安装位置的允许偏差及检验方法应符合表 3-9 的规定。

表 3-9 钢筋安装位置的允许偏差及检验方法

检查项目		允许偏差/mm	检验方法
受力钢筋保护层厚度	网状配筋砌体	±10	检查钢筋网成品，钢筋网放置位置局部剔缝观察，或用探针刺入灰缝内检查，或用钢筋位置测定仪测定
	组合砖砌体	±5	支模前观察与尺量检查
	配筋小砌块砌体	±10	浇筑灌孔混凝土前观察检查与尺量检查
配筋小砌块砌体墙凹槽中水平钢筋间距		±10	钢尺量连续三档，取最大值

抽检数量：每检验批抽查不应少于 5 处。

七、填充墙砌体工程

1. 一般规定

（1）本部分适用于烧结空心砖、蒸压加气混凝土砌块、轻骨料混凝土小型空心砌块等填充墙砌体工程。

（2）砌筑填充墙时，轻骨料混凝土小型空心砌块和蒸压加气混凝土砌块的产品龄期不应小于 28d，蒸压加气混凝土砌块的含水率宜小于 30%。

（3）烧结空心砖、蒸压加气混凝土砌块、轻骨料混凝土小型空心砌块等的运输、装卸过程中，严禁抛掷和倾倒；进场后应按品种、规格堆放整齐，堆置高度不宜超过 2m。蒸压加气混凝土砌块在运输与堆放中应防止雨淋。

（4）吸水率较小的轻骨料混凝土小型空心砌块及采用薄灰砌筑法施工的蒸压加气混凝土砌块，砌筑前不应对其浇（喷）水浸润；在气候干燥炎热的情况下，对吸水率较小的轻骨料混凝土小型空心砌块宜在砌筑前喷水湿润。

（5）采用普通砌筑砂浆砌筑填充墙时，烧结空心砖、吸水率较大的轻骨料混凝土小型空心砌块应提前1～2d浇（喷）水湿润。蒸压加气混凝土砌块采用蒸压加气混凝土砌块砌筑砂浆或普通砌筑砂浆砌筑时，应在砌筑当天对砌块砌筑面喷水湿润。块体湿润程度宜符合下列规定：

① 烧结空心砖的相对含水率60%～70%。

② 吸水率较大的轻骨料混凝土小型砌块、蒸压加气混凝土砌块的相对含水率40%～50%。

(6) 在厨房、卫生间、浴室等处采用轻骨料混凝土小型空心砌块、蒸压加气混凝土砌块砌筑墙体时，墙底部宜现浇混凝土坎台等，其高度宜为150mm。

(7) 填充墙拉结筋处的下皮小砌块宜采用半盲孔小砌块或用混凝土灌实孔洞的小砌块；薄灰砌筑法施工的蒸压加气混凝土砌块砌体，拉结筋应放置在砌块上表面设置的沟槽内。

(8) 蒸压加气混凝土砌块、轻骨料混凝土小型空心砌块不应与其他块体混砌，不同强度等级的同类砌块也不得混砌。

注：窗台处和因安装门窗需要，在门窗洞口处两侧填充墙上、中、下部可采用其他块体局部嵌砌；对与框架柱、梁采用不脱开方法的填充墙，填塞填充墙顶部与梁之间缝隙可采用其他块体。

(9) 填充墙砌体砌筑，应待承重主体结构检验批验收合格后进行。填充墙与承重主体结构间的空（缝）隙部位施工，应在填充墙砌筑14d后进行。

2. 主控项目

(1) 烧结空心砖、小砌块和砌筑砂浆的强度等级应符合设计要求。

抽检数量：烧结空心砖每10万块为一验收批，小砌块每1万块为一验收批，不足上述数量时按一批计，抽检数量为一组。砂浆试块的抽检数量执行《砌体结构工程施工质量验收规范》(GB 50203—2011) 第4.0.12条的有关规定。

检验方法：检查砖、小砌块进场复验报告和砂浆试块试验报告。

(2) 填充墙砌体应与主体结构可靠连接，其连接构造应符合设计要求，未经设计同意，不得随意改变连接构造方法。每一填充墙与柱的拉结筋的位置超过一皮块体高度的数量不得多于一处。

抽检数量：每检验批抽查不应少于5处。

检验方法：观察检查。

(3) 填充墙与承重墙、柱、梁的连接钢筋，当采用化学植筋的连接方式时，应进行实体检测。锚固钢筋拉拔试验的轴向受拉非破坏承载力检验值应为6.0kN。抽检钢筋在检验值作用下应基材无裂缝、钢筋无滑移宏观裂损现象；持荷2min期间荷载值降低不大于5%。检验批验收可按《砌体结构工程施工质量验收规范》(GB 50203—2011) 表B.0.1通过正常检验一次、二次抽样判定。填充墙砌体植筋锚固力检测记录可按《砌体结构工程施工质量验收规范》(GB 50203—2011) 表C.0.1填写。

抽检数量：按表3-10确定

检验方法：原位试验检查。

表3-10　检验批抽检锚固钢筋样本最小容量

检验批的容量	样本最小容量	检验批的容量	样本最小容量
≤90	5	281～500	20
91～150	8	501～1200	32
151～280	13	1201～3200	50

3. 一般项目

（1）填充墙砌体尺寸、位置的允许偏差及检验方法应符合表 3-11 的规定。

表 3-11 填充墙砌体尺寸、位置的允许偏差及检验方法

序号	检查项目		允许偏差/mm	检验方法
1	轴线位移		10	用尺检查
2	垂直度（每层）	≤3m	5	用 2m 托线板或吊线、尺检查
		>3m	10	
3	表面平整度		8	用 2m 靠尺和楔形尺检查
4	门窗洞口高、宽（后塞口）		±10	用尺检查
5	外墙上、下窗口偏移		20	用经纬仪或吊线检查

抽检数量：每检验批抽查不应少于 5 处。

（2）填充墙砌体的砂浆饱满度及检验方法应符合表 3-12 的规定。

表 3-12 填充墙砌体的砂浆饱满度及检验方法

砌体分类	灰缝	饱满度及要求	检验方法
空心砖砌体	水平	≥80%	采用百格网检查块体底面或侧面砂浆的粘接痕迹面积
	垂直	填满砂浆、不得有透明缝、瞎缝、假缝	
蒸压加气混凝土砌块、轻骨料混凝土小型空心砌块砌体	水平	≥80%	
	垂直	≥80%	

抽检数量：每检验批抽查不应少于 5 处。

（3）填充墙留置的拉结钢筋或网片的位置应与块体皮数相符合。拉结钢筋或网片应置于灰缝中，埋置长度应符合设计要求，竖向位置偏差不应超过一皮高度。

抽检数量：每检验批抽查不应少于 5 处。

检验方法：观察和用尺量检查。

（4）砌筑填充墙时应错缝搭砌，蒸压加气混凝土砌块搭砌长度不应小于砌块长度的 1/3；轻骨料混凝土小型空心砌块搭砌长度不应小于 90mm；竖向通缝不应大于 2 皮。

抽检数量：每检验批抽检不应少于 5 处。

检查方法：观察和用尺检查。

（5）填充墙的水平灰缝厚度和竖向灰缝宽度应正确。烧结空心砖、轻骨料混凝土小型空心砌块砌体的灰缝应为 8～12mm。蒸压加气混凝土砌块砌体当采用水泥砂浆、水泥混合砂浆或蒸压加气混凝土砌块砌筑砂浆时，水平灰缝厚度及竖向灰缝宽度不应超过 15mm；当蒸压加气混凝土砌块砌体采用蒸压加气混凝土砌块粘接砂浆时，水平灰缝厚度和竖向灰缝宽度宜为 3～4mm。

抽检数量：每检验批抽查不应少于 5 处。

检查方法：水平灰缝厚度用尺量 5 皮小砌块的高度折算；竖向灰缝宽度用尺量 2m 砌体长度折算。

八、冬期施工

(1) 当室外日平均气温连续5d稳定低于5℃时，砌体工程应采取冬期施工措施。

注：①气温根据当地气象资料确定。

②冬期施工期限以外，当日最低气温低于0℃时，也应按本部分的规定执行。

(2) 冬期施工的砌体工程质量验收除应符合本部分要求外，尚应符合现行行业标准《建筑工程冬期施工规程》(JGJ/T 104—2011) 的有关规定。

(3) 砌体工程冬期施工应有完整的冬期施工方案。

(4) 冬期施工所用材料应符合下列规定：

① 石灰膏、电石膏等应防止受冻，如遭冻结，应经融化后使用。

② 拌制砂浆用砂，不得含有冰块和大于10mm的冻结块。

③ 砌体用块体不得遭水浸冻。

(5) 冬期施工砂浆试块的留置，除应按常温规定要求外，尚应增加1组与砌体同条件养护的试块，用于检验转入常温28d的强度。如有特殊需要，可另外增加相应龄期的同条件养护试块。

(6) 地基土有冻胀性时，应在未冻的地基上砌筑，并应防止在施工期间回填土地基受冻。

(7) 冬期施工中砖、小砌块浇（喷）水湿润应符合下列规定：

① 烧结普通砖、烧结多孔砖、蒸压灰砂砖、蒸压粉煤灰砖、烧结空心砖、吸水率较大的轻骨料混凝土小型空心砌块在气温高于0℃条件下砌筑时，应浇水湿润；在气温低于、等于0℃条件下砌筑时，可不浇水，但必须增大砂浆稠度。

② 普通混凝土小型空心砌块、混凝土多孔砖、混凝土实心砖及采用薄灰砌筑法的蒸压加气混凝土砌块施工时，不应对其浇（喷）水湿润。

③ 抗震设防烈度为9度的建筑物，当烧结普通砖、烧结多孔砖、蒸压粉煤灰砖、烧结空心砖无法浇水湿润时，如无特殊措施，不得砌筑。

(8) 拌和砂浆时水的温度不得超过80℃，砂的温度不得超过40℃。

(9) 采用砂浆掺外加剂法、暖棚法施工时，砂浆使用温度不应低于5℃。

(10) 采用暖棚法施工，块材在砌筑时的温度不应低于5℃，距离所砌的结构底面0.5m处的棚内温度也不应低于5℃。

(11) 在暖棚内的砌体养护时间，应根据暖棚内温度，按表3-13确定。

表3-13　暖棚法砌体的养护时间

暖棚的温度/℃	5	10	15	20
养护时间/d	≥6	≥5	≥4	≥3

(12) 采用外加剂法配制的砌筑砂浆，当设计无要求，且最低气温等于或低于－15℃时，砂浆强度等级应较常温施工提高一级。

(13) 配筋砌体不得采用掺氯盐的砂浆施工。

九、子分部工程验收

(1) 砌体工程验收前，应提供下列文件和记录：

① 设计变更文件。

② 施工执行的技术标准。

③ 原材料出厂合格证书、产品性能检测报告和进场复验报告。

④ 混凝土及砂浆配合比通知单。

⑤ 混凝土及砂浆试件抗压强度试验报告单。

⑥ 砌体工程施工记录。

⑦ 隐蔽工程验收记录。

⑧ 分项工程检验批的主控项目、一般项目验收记录。

⑨ 填充墙砌体植筋锚固力检测记录。

⑩ 重大技术问题的处理方案和验收记录。

⑪ 其他必要的文件和记录。

(2) 砌体子分部工程验收时，应对砌体工程的观感质量作出总体评价。

(3) 当砌体工程质量不符合要求时，应按现行国家标准《建筑工程施工质量验收统一标准》(GB 50300—2013) 有关规定执行。

(4) 有裂缝的砌体应按下列情况进行验收：

① 对不影响结构安全性的砌体裂缝，应予以验收，对明显影响使用功能和观感质量的裂缝，应进行处理。

② 对有可能影响结构安全性的砌体裂缝，应由有资质的检测单位检测鉴定，需返修或加固处理的，待返修或加固处理满足使用要求后进行二次验收。

能力训练题

一、填空题

1. 砂浆强度是由边长为________立方体试件，经过28天标准养护，测得一组________块的抗压强度值来评定。

2. 通常说的“三一”砌筑法是指________、________、________。

3. 砖墙灰缝宽度宜为________mm，且不应小于________mm，也不应大于________mm。

4. 在砖墙上留置临时洞口时，其侧边离交接处墙面不应小于________mm，洞口净宽不应超过________m。

5. 砖墙每日砌筑高度不宜超过________m，雨天施工时不宜超过________m。

6. 多孔砖的孔洞应________________________________。

7. 设有钢筋混凝土构造柱的抗震多层砖房，应先________，而后砌墙，最后________。墙与柱应沿高度方向每________mm设________钢筋，每边伸入墙内不应小于________m，构造柱应与________相连接；砖墙应砌成________，每一马牙槎沿高度方向的尺寸不超过________mm，马牙槎从每层柱脚开始，应________。该层构造柱混凝土浇筑完成之后，才能进行上一层的施工。

8. 小砌块墙应对孔错缝搭砌，搭接长度不应小于________mm。当小于规定数值时，应在水平灰缝内设置________拉结钢筋或钢筋网片，钢筋网片超过每侧灰缝至少________mm。

9. 砖墙的水平灰缝砂浆饱满度不得小于________，垂直灰缝宜采用挤浆或加浆法，不得出现________、________、________。

10. 非抗震设防及抗震设防烈度为6度、7度地区的临时间断处，当不能留斜槎时，除转角外，可留直槎，但直槎必须做成凸槎，留直槎处应加设拉结钢筋，拉结钢筋的数量对于240mm墙体设置________拉结钢筋，间距沿墙高度不应超过________mm；埋入长度从留槎处算起每边均不应小于________mm，对抗震设防烈度为6度、7度地区，不应小于________mm，末端应做________。

二、选择题

1.《砌体结构工程施工质量验收规范》(GB 50203—2011)规定，凡在砂浆中掺入(　　)，应有砌体强度的型式检验报告。

A. 有机塑化剂　　B. 缓凝剂　　C. 早强剂　　D. 防冻剂

2.《砌体结构工程施工质量验收规范》(GB 50203—2011)规定，砌砖工程当采用铺浆法砌筑时，施工期间温度超过30℃时，铺浆长度最大不得超过(　　)mm。

A. 400　　B. 500　　C. 600　　D. 700

3. 关于砌体结构房屋的受力特点，下列说法不正确的是(　　)。

A. 抗压强度高，抗拉强度非常低

B. 不适宜高层建筑

C. 墙和柱的抗弯能力强

D. 墙和柱的稳定性要求用高厚比控制

4. 砌体房屋中，混凝土梁端下设置垫块的目的是(　　)。

A. 解决墙、柱的承载能力　　B. 加强房屋的整体性

C. 高厚比过大　　D. 防止局部压应力过大

5. 混凝土小型空心砌块砌筑时，水平灰缝的砂浆饱满度，按净面积计算不得低于(　　)。

A. 60%　　B. 70%　　C. 80%　　D. 90%

第二节　混凝土结构工程施工质量验收

学习要点

掌握模板分项工程施工质量检验标准。

掌握钢筋分项工程施工质量检验标准。

掌握混凝土分项工程施工质量检验标准。

掌握现浇结构分项工程施工质量检验标准。

掌握混凝土结构子分部工程验收的内容。

了解装配式结构分项工程施工质量检验标准。

案例导读

某大厦楼座建筑总面积112402.9m^2。地下四层，地上二十二层。檐口高度87.65m。

室内外高差-0.45m。为全现浇框架剪力墙结构。结构抗震等级为：地下三、四层框架—剪力墙，三级；地下二层以上框架—剪力墙，一级。

模板配置：为保证工程质量，实现创优目标，针对本工程特点，确定地下部分墙体、柱子、顶板梁采用覆膜木胶合板；地上墙体、柱子采用大钢模板，顶板、梁采用覆膜木胶合板，楼梯踏步采用钢定型模板，梁、柱节点采用定型钢模板。钢筋级别为 HPB300、HRB335、HRB400。直径≥16mm 的钢筋采用直螺纹套筒连接，直径小于 16mm 的钢筋优先采用搭接连接，直螺纹连接主要用在基础底板、基础梁、地下室外墙、剪力墙、框架柱和梁，搭接主要用在楼板。混凝土强度等级地下地上垫层 C15，基础、主体、楼板 C30，混凝土全部采用商品混凝土。

一、基本规定

(1) 混凝土结构子分部工程可划分为模板、钢筋、预应力、混凝土、现浇结构和装配式结构等分项工程。各分项工程可根据与生产和施工方式相一致且便于控制施工质量的原则，按进场批次、工作班、楼层、结构缝或施工段划分为若干检验批。

(2) 混凝土结构子分部工程的质量验收，应在钢筋、预应力、混凝土、现浇结构或装配式结构等相关分项工程验收合格的基础上，进行质量控制资料检查、观感质量验收及《混凝土结构工程施工质量验收规范》(GB 50204—2015) 第 10.1 节规定的结构实体检验。

(3) 分项工程的质量验收应在所含检验批验收合格的基础上，进行质量验收记录检查。

(4) 检验批的质量验收应包括实物检查和资料检查，并应符合下列规定：

① 主控项目的质量经抽样检验均应合格。

② 一般项目的质量经抽样检验合格；一般项目当采用计数检验时，除《混凝土结构工程施工质量验收规范》(GB 50204—2015) 有专门规定外，其合格点率应达到 80%及以上，且不得有严重缺陷。

③ 应具有完整的质量检验记录，重要工序应具有完整的施工操作记录。

(5) 检验批抽样样本应随机抽取，并应满足分布均匀、具有代表性的要求。

(6) 不合格检验批的处理应符合下列规定：

① 材料、构配件、器具及半成品检验批不合格时不得使用；

② 混凝土浇筑前施工质量不合格的检验批，应返工、返修，并应重新验收；

③ 混凝土浇筑后施工质量不合格的检验批，应按《混凝土结构工程施工质量验收规范》(GB 50204—2015) 有关规定进行处理。

(7) 获得认证的产品或来源稳定且连续三批均一次检验合格的产品，进场验收时检验批的容量可按《混凝土结构工程施工质量验收规范》(GB 50204—2015) 的有关规定扩大一倍，且检验批容量仅可扩大一倍。扩大检验批后的检验中，出现不合格情况时，应按扩大前的检验批容量重新验收，且该产品不得再次扩大检验批容量。

(8) 混凝土结构工程采用的材料、构配件、器具及半成品应按进场批次进行检验。属于同一工程项目且同期施工的多个单位工程，对同一厂家生产的同批材料、构配件、器具及半成品，可统一划分检验批进行验收。

(9) 检验批、分项工程、混凝土结构子分部工程的质量验收可按表 3-14、表 3-15、表 3-16 记录，质量验收程序和组织应符合国家标准《建筑工程施工质量验收统一标准》(GB 50300—2013) 的规定。

表 3-14　检验批质量验收记录

工程名称		分项工程名称		验收部位	
施工单位		专业工长		项目经理	
分包单位		分包项目经理		施工班组长	
施工执行标准名称及编号					

检查项目			质量验收规范的规定	施工单位检查评定记录	监理（建设）单位验收记录
主控项目	1				
	2				
	3				
	4				
	5				
一般项目	1				
	2				
	3				
	4				
	5				
施工单位检查评定结果	项目专业质量检查员： 年　月　日				
监理（建设）单位验收结论	监理工程师： （建设单位项目专业技术负责人） 年　月　日				

表 3-15　分项工程质量验收记录

工程名称		分项工程名称		验收部位	
施工单位		专业工长		项目技术负责人	
分包单位		分包单位负责人		分包项目经理	

序号	检验批部位、区段	施工单位检查评定记录	监理（建设）单位验收记录
1			
2			
3			
4			
5			
6			
7			
8			

检查结论	项目专业技术负责人： 年　月　日	验收结论	监理工程师： （建设单位项目专业技术负责人） 年　月　日

表 3-16 混凝土结构子分部工程质量验收记录

<table>
<tr><td colspan="2">工程名称</td><td></td><td colspan="2">结构类型</td><td></td><td>层数</td><td></td></tr>
<tr><td colspan="2">施工单位</td><td></td><td colspan="2">技术部门负责人</td><td></td><td>质量部门负责人</td><td></td></tr>
<tr><td colspan="2">分包单位</td><td></td><td colspan="2">分包单位负责人</td><td></td><td>分包技术负责人</td><td></td></tr>
<tr><td>序号</td><td colspan="2">分项工程名称</td><td>检验批数</td><td colspan="2">施工单位检查评定</td><td colspan="2">验收意见</td></tr>
<tr><td>1</td><td colspan="2">钢筋分项工程</td><td></td><td colspan="2"></td><td colspan="2" rowspan="7"></td></tr>
<tr><td>2</td><td colspan="2">预应力分项工程</td><td></td><td colspan="2"></td></tr>
<tr><td>3</td><td colspan="2">混凝土分项工程</td><td></td><td colspan="2"></td></tr>
<tr><td>4</td><td colspan="2">现浇结构分项工程</td><td></td><td colspan="2"></td></tr>
<tr><td>5</td><td colspan="2">装配式结构分项工程</td><td></td><td colspan="2"></td></tr>
<tr><td colspan="3">质量控制资料</td><td></td><td colspan="2"></td></tr>
<tr><td colspan="3">结构实体检验报告</td><td></td><td colspan="2"></td></tr>
<tr><td colspan="3">观感质量验收</td><td colspan="5"></td></tr>
<tr><td rowspan="5">验收单位</td><td colspan="2">分包单位</td><td colspan="5">项目经理：
年 月 日</td></tr>
<tr><td colspan="2">施工单位</td><td colspan="5">项目经理：
年 月 日</td></tr>
<tr><td colspan="2">勘察单位</td><td colspan="5">项目负责人：
年 月 日</td></tr>
<tr><td colspan="2">设计单位</td><td colspan="5">项目负责人：
年 月 日</td></tr>
<tr><td colspan="2">监理(建设)单位</td><td colspan="5">总监理工程师：
(建设单位项目专业负责人)
年 月 日</td></tr>
</table>

二、模板分项工程

1. 一般规定

(1) 模板工程应编制施工方案。爬升模板工程、工具式模板工程及高大模板支架工程的施工方案，应按有关规定进行技术论证。

(2) 模板及支架应根据安装、使用和拆除工况进行设计，并应满足承载力、刚度和整体稳固性要求。

(3) 模板及其支架拆除应符合现行国家标准《混凝土结构工程施工规范》(GB 50666—2011) 的规定和施工方案的要求。

2. 模板安装

(1) 主控项目

1) 模板及支架用材料的技术指标应符合国家现行有关标准的规定。进场时应抽样检验模板和支架材料的外观、规格和尺寸。

检查数量：按国家现行有关标准的规定确定。

检验方法：检查质量证明文件；观察，尺量。

2）现浇混凝土结构模板及支架的安装质量，应符合国家现行有关标准的规定和施工方案的要求。

检查数量：按国家现行有关标准的规定确定。

检验方法：按国家现行有关标准的规定执行。

3）后浇带处的模板及支架应独立设置。

检查数量：全数检查。

检验方法：观察。

4）支架竖杆或竖向模板安装在土层上时，应符合下列规定：

① 土层应坚实、平整，其承载力或密实度应符合施工方案的要求；

② 应有防水、排水措施；对冻胀性土，应有预防冻融措施；

③ 支架竖杆下应有底座或垫板。

检查数量：全数检查。

检验方法：观察；检查土层密实度检测报告、土层承载力验算或现场检测报告。

（2）一般项目

1）模板安装应满足下列要求：

① 模板的接缝应严密；

② 模板内不应有杂物、积水或冰雪等；

③ 模板与混凝土的接触面应平整、清洁；

④ 用作模板的地坪、胎模等应平整光洁，不得产生影响构件质量的下沉、裂缝、起砂或起鼓；

⑤ 对清水混凝土工程及装饰混凝土构件，应使用能达到设计效果的模板。

检查数量：全数检查。

检验方法：观察。

2）隔离剂的品种和涂刷方法应符合施工方案的要求。隔离剂不得影响结构性能及装饰施工；不得沾污钢筋、预应力筋、预埋件和混凝土接槎处；不得对环境造成污染。

检查数量：全数检查。

检验方法：检查质量证明文件；观察。

3）模板的起拱应符合现行国家标准《混凝土结构工程施工规范》（GB 50666—2011）的规定，并应符合设计及施工方案的要求。

检查数量：在同一检验批内，对梁，跨度大于 18m 时应全数检查，跨度不大于 18m 时应抽查构件数量的 10%，且不应少于 3 件；对板，应按有代表性的自然间抽查 10%，且不少于 3 间；对大空间结构，板可按纵、横轴线划分检查面，抽查 10%，且不少于 3 面。

检验方法：水准仪或拉线钢尺检查。

4）现浇结构多层连续支模应符合施工方案的规定。上下层模板支架的竖杆宜对准。竖杆下垫板的设置应符合施工方案的要求。

检查数量：全数检查。

检验方法：观察。

5）固定在模板上的预埋件、预留孔和预留洞均不得遗漏，且应安装牢固。有抗渗要求的混凝土结构中的预埋件，应按设计及施工方案的要求采取防渗措施。

预埋件和预留孔洞的位置应满足设计和施工方案的要求。当设计无具体要求时，其位置偏差应符合表 3-17 的规定。

表 3-17 预埋件和预留孔洞的允许偏差

项目		允许偏差/mm
预埋钢板中心线位置		3
预埋管、预留孔中心线位置		3
插筋	中心线位置	5
	外露长度	+10,0
预埋螺栓	中心线位置	2
	外露长度	+10,0
预留洞	中心线位置	10
	尺寸	+10,0

注：检查中心线位置时，应沿纵、横两个方向量测，并取其中偏差的较大值。

检查数量：在同一检验批内，对梁、柱和独立基础，应抽查构件数量的 10%，且不少于 3 件；对墙和板，应按有代表性的自然间抽查 10%，且不少于 3 间；对大空间结构，墙可按相邻轴线间高度 5m 左右划分检查面，板可按纵、横轴线划分检查面，抽查 10%，且均不少于 3 面。

检验方法：观察，尺量。

6）现浇结构模板允许安装的偏差应符合表 3-18 的规定。

表 3-18 现浇结构模板安装的允许偏差及检验方法

项目		允许偏差/mm	检验方法
轴线位置		5	尺量
底模上表面标高		±5	水准仪或拉线、尺量
模板内部尺寸	基础	±10	尺量
	柱、墙、梁	±5	尺量
	楼梯相邻踏步高差	5	尺量
柱、墙垂直度	层高≤6m	8	经纬仪或吊线、尺量
	层高>6m	10	经纬仪或吊线、尺量
相邻模板表面高差		2	尺量
表面平整度		2	2m 靠尺和塞尺量测

注：检查轴线位置时，当有纵横两个方向时，应沿纵、横两个方向量测，并取其中的较大值。

检查数量：在同一检验批内，对梁、柱和独立基础，应抽查构件数量的 10%，且不少于 3 件；对墙和板，应按有代表性的自然间抽查 10%，且不少于 3 间；对大空间结构，墙可按相邻轴线间高度 5m 左右划分检查面，板可按纵、横轴线划分检查面，抽查 10%，且均不少于 3 面。

7）预制构件模板安装的偏差及检验方法应符合表 3-19 的规定。

检查数量：首次使用及大修后的模板应全数检查；使用中的模板应抽查 10%，且不应少于5件，不足5件时应全数检查。

表 3-19　预制构件模板安装的允许偏差及检验方法

<table>
<tr><th colspan="2">项目</th><th>允许偏差/mm</th><th>检验方法</th></tr>
<tr><td rowspan="4">长度</td><td>梁、板</td><td>±4</td><td rowspan="4">尺量两侧边，取其中较大值</td></tr>
<tr><td>薄腹梁、桁架</td><td>±8</td></tr>
<tr><td>柱</td><td>0，−10</td></tr>
<tr><td>墙板</td><td>0，−5</td></tr>
<tr><td rowspan="2">宽度</td><td>板、墙板</td><td>0，−5</td><td rowspan="2">钢尺量一端及中部，取其中较大值</td></tr>
<tr><td>梁、薄腹梁、桁架</td><td>+2，−5</td></tr>
<tr><td rowspan="3">高(厚)度</td><td>板</td><td>+2，−3</td><td rowspan="3">钢尺量一端及中部，取其中较大值</td></tr>
<tr><td>墙板</td><td>0，−5</td></tr>
<tr><td>梁、薄腹梁、桁架、柱</td><td>+2，−5</td></tr>
<tr><td rowspan="2">侧向弯曲</td><td>梁、板、柱</td><td>L/1000 且≤15</td><td rowspan="2">拉线、尺量最大弯曲处</td></tr>
<tr><td>墙板、薄腹梁、桁架</td><td>L/1500 且≤15</td></tr>
<tr><td colspan="2">板的表面平整度</td><td>3</td><td>2m 靠尺和塞尺量测</td></tr>
<tr><td colspan="2">相邻两板表面高低差</td><td>1</td><td>尺量</td></tr>
<tr><td rowspan="2">对角线差</td><td>板</td><td>7</td><td rowspan="2">尺量两对角线</td></tr>
<tr><td>墙板</td><td>5</td></tr>
<tr><td>翘曲</td><td>板、墙板</td><td>L/1500</td><td>调平尺在两端量测</td></tr>
<tr><td>设计起拱</td><td>薄腹梁、桁架、梁</td><td>±3</td><td>拉线、尺量跨中</td></tr>
</table>

注：L 为构件长度（mm）。

三、钢筋分项工程

1．一般规定

(1) 在浇筑混凝土之前，应进行钢筋隐蔽工程验收，其内容包括：

① 纵向受力钢筋的品种、规格、数量、位置等；

② 钢筋的连接方式、接头位置、接头质量、接头面积百分率、搭接长度、锚固方式及锚固长度；

③ 箍筋、横向钢筋的牌号、规格、数量、间距、位置，箍筋弯钩的弯折角度及平直部分的长度；

④ 预埋件的规格、数量和位置。

(2) 钢筋、成型钢筋进场检验，当满足下列条件之一时，其检验批容量可扩大一倍：

① 获得认证的钢筋、成型钢筋；

② 同一厂家、同一牌号、同一规格的钢筋，连续三批均一次检验合格；

③ 同一厂家、同一类型、同一钢筋来源的成型钢筋，连续三批均一次检验合格。

2．材料

(1) 主控项目

1) 钢筋进场时，应按国家现行相关标准的规定抽取试件作屈服强度、抗拉强度、伸长率、弯曲性能和重量偏差检验，检验结果应符合相应标准的规定。

检查数量：按进场的批次和产品的抽样检验方案确定。

检验方法：检查质量证明文件和抽样检验报告。

2）成型钢筋进场时，应抽取试件作屈服强度、抗拉强度、伸长率和重量偏差检验，检验结果应符合国家现行有关标准的规定。

对由热轧钢筋制成的成型钢筋，当有施工单位或监理单位的代表驻厂监督生产过程，并提供原材料钢筋力学性能第三方检验报告，可仅进行重量偏差检验。

检查数量：同一厂家、同一类型、同一钢筋来源的成型钢筋，不超过30t为一批，每批中每种钢筋牌号、规格均应至少抽取1个钢筋试件，总数不应少于3个。

检验方法：检查质量证明文件和抽样检验报告。

3）对一、二、三级抗震等级设计的框架和斜撑构件（含梯级）中的纵向受力钢筋应采用HRB335E、HRB400E、HRB500E、HRBF335E、HRBF400E或HRBF500E钢筋，其强度和最大力下总伸长率的实测值应符合下列规定：

① 钢筋的抗拉强度实测值与屈服强度实测值的比值不应小于1.25；

② 钢筋的屈服强度实测值与强度标准值的比值不应大于1.30；

③ 钢筋的最大力下总伸长率不应小于9%。

检查数量：按进场的批次和产品的抽样检验方案确定。

检验方法：检查进场复验报告。

（2）一般项目

1）钢筋应平直、无损伤、表面不得有裂纹、油污、颗粒状或片状老锈。

检查数量：全数检查。

检验方法：观察。

2）成型钢筋的外观质量和尺寸偏差应符合国家现行有关标准的规定。

检查数量：同一厂家、同一类型的成型钢筋，不超过30t为一批，每批随机抽取3个成型钢筋。

检验方法：观察，尺量。

3）钢筋机械连接套筒、钢筋锚固板以及预埋件等的外观质量应符合国家现行有关标准的规定。

检查数量：按国家现行有关标准的规定确定。

检验方法：抽查产品质量证明文件；观察，尺量。

3. 钢筋加工

（1）主控项目

1）钢筋弯折的弯弧内直径应符合下列规定：

① 光圆钢筋，不应小于钢筋直径的2.5倍；

② 335MPa级、400MPa级带肋钢筋，不应小于钢筋直径的4倍；

③ 500MPa级带肋钢筋，当直径为28mm以下时不应小于钢筋直径的6倍，当直径为28mm及以上时不应小于钢筋直径的7倍；

④ 箍筋弯折处尚不应小于纵向受力钢筋的直径。

检查数量：同一设备加工的同一类型钢筋，每工作班抽查不应少于3件。

检验方法：尺量。

2）纵向受力钢筋的弯折后平直部分长度应符合设计要求。光圆钢筋末端做180°弯钩时，弯钩的平直部分长度不应小于钢筋直径的3倍。

检查数量：同一设备加工的同一类型钢筋，每工作班抽查不应少于3件。

检验方法：尺量。

3）箍筋、拉筋的末端应按设计要求做弯钩，并应符合下列规定：

① 对一般结构构件，箍筋弯钩的弯折角度不应小于90°，弯折后平直部分长度不应小于箍筋直径的5倍；对有抗震设防要求或设计有专门要求的结构构件，箍筋弯钩的弯折角度不应小于135°，弯折后平直部分的长度不应小于箍筋直径的10倍。

② 圆形箍筋的搭接长度不应小于其受拉锚固长度，且两末端弯钩的弯折角度不应小于135°，弯折后平直段长度对一般结构构件不应小于箍筋直径的5倍，对有抗震设防要求的结构构件不应小于箍筋直径的10倍。

③ 梁、柱复合箍筋中的单肢箍筋两端弯钩的弯折角度均不应小于135°，弯折后平直部分长度应符合上述①对箍筋的有关规定。

检查数量：同一深加工的同一类型钢筋，每工作班抽查不应少于3件。

检验方法：尺量。

4）盘卷钢筋调直后应进行力学性能和重量偏差的检验，其强度应符合有关标准的规定。其断后伸长率、重量负偏差应符合表3-20的规定。

表3-20　盘卷钢筋调直后的断后伸长率、重量负偏差要求

钢筋牌号	断后伸长率 A/%	重量偏差/%	
		直径6～12mm	直径14～16mm
HPB300	≥21	≥−10	—
HRB335、HBRF335	≥16	≥−8	≥−8
HRB400、HRBF400	≥15		
RRB400	≥13		
HRB500、HRBF500	≥14		

注：断后伸长率 A 的量测标距为5倍钢筋公称直径。

检查数量：同一设备加工的同一牌号、同一规格的调直钢筋，重量不大于30t为一批，每批见证抽取3个试件。

检验方法：检查抽样检验报告。

（2）一般项目

钢筋加工的形状、尺寸应符合设计要求，其偏差应符合表3-21的规定。

检查数量：同一设备加工的同一类型钢筋，每工作班抽查不应少于3件。

检验方法：尺量。

表3-21　钢筋加工的允许偏差

项　　目	允许偏差/mm
受力钢筋长度方向全长的净尺寸	±10
弯起钢筋的弯折位置	±20
箍筋外廓尺寸	±5

4. 钢筋连接

(1) 主控项目

1) 钢筋的连接方式应符合设计要求。

检查数量：全数检查。

检验方法：观察。

2) 钢筋采用机械连接或焊接连接时，钢筋机械连接接头、焊接接头的力学性能、弯曲性能应符合国家现行有关标准的规定。接头试件应从工程实体中截取。

检查数量：按现行行业标准《钢筋机械连接技术规程》(JGJ 107—2010) 和《钢筋焊接及验收规程》(JGJ 18—2012) 的规定确定。

检验方法：检查质量证明文件和抽样检验报告。

3) 钢筋采用机械连接时，螺纹接头应检验拧紧扭矩值，挤压接头应量测压痕直径，检验结果应符合现行行业标准《钢筋机械连接技术规程》(JGJ 107—2010) 的相关规定。

检查数量：按现行行业标准《钢筋机械连接技术规程》(JGJ 107—2010) 的规定确定。

检验方法：采用专用扭力扳手或专用量规检查。

(2) 一般项目

1) 钢筋接头的位置应符合设计和施工方案要求。有抗震设防要求的结构中，梁端、柱端箍筋加密区范围内不应进行钢筋搭接。接头末端至钢筋弯起点的距离不应小于钢筋直径的10倍。

检查数量：全数检查。

检验方法：观察，尺量。

2) 钢筋机械连接接头、焊接接头的外观质量应符合现行行业标准《钢筋机械连接技术规程》(JGJ 107—2010) 和《钢筋焊接及验收规程》(JGJ 18—2012) 的规定。

检查数量：按现行行业标准《钢筋机械连接技术规程》(JGJ 107—2012) 和《钢筋焊接及验收规程》(JGJ 18—2012) 的规定确定。

检验方法：观察，尺量。

3) 当纵向受力钢筋采用机械连接接头或焊接接头时，同一连接区段内，纵向受力钢筋的接头面积百分率应符合设计要求；当设计无具体要求时，应符合下列规定：

① 受拉接头，不宜大于50%；受压接头，可不受限制；

② 直接承受动力荷载的结构构件中，不宜采用焊接接头；当采用机械连接接头时，不应超过50%。

检查数量：在同一检验批内，对梁、柱和独立基础，应抽查构件数量的10%，且不少于3件；对墙和板，应按有代表性的自然间抽查10%，且不少于3间；对大空间结构，墙可按相邻轴线间高度5m左右划分检查面，板可按纵横轴线划分检查面，抽查10%，且均不少于3面。

检验方法：观察，尺量。

注：1. 接头连接区段是指长度为$35d$且不小于500mm的区段，d为相互连接两根钢筋的直径较小值。

2. 同一连接区段内，纵向受力钢筋接头面积百分率为接头中点位于该连接区段内纵向受力钢筋截面面积与全部纵向受力钢筋截面面积的比值。

4) 当纵向受力钢筋采用绑扎搭接接头时，接头的设置应符合下列规定：

① 接头的横向净距不应小于钢筋直径，且不应小于25mm。

② 同一连接区段内，纵向受拉钢筋搭接接头面积百分率应符合设计要求；当设计无具体要求时，应符合下列规定：

a. 对梁类、板类及墙类构件不宜超过25%，基础筏板，不宜超过50%；

b. 对柱类构件不宜超过50%；

c. 当工程中确有必要增大接头面积百分率时，对梁类构件不应大于50%。

检查数量：在同一检验批内，对梁、柱和独立基础应抽查构件数量的10%，且不少于3件；对墙和板，应按有代表性的自然间抽查10%，且不少于3间；对大空间结构，墙可按相邻轴线间高度5m左右划分检查面，板可按纵、横轴线划分检查面，抽查10%，且均不少于3面。

检验方法：观察，尺量。

注：1. 接头连接区段的长度为1.3倍搭接长度的区段。搭接长度取相互连接两根钢筋中较小直径计算。

2. 同一连接区段内，纵向钢筋搭接接头面积百分率为接头中点位于该连接区段长度内的纵向受力钢筋截面面积与全部纵向受力钢筋截面面积的比值。

5）梁、柱类构件的纵向受力钢筋搭接长度范围内箍筋的设置应符合设计要求；当设计无具体要求时，应符合下列规定：

① 箍筋直径不应小于搭接钢筋较大直径的0.25倍；

② 受拉搭接区段的箍筋间距不应大于搭接钢筋较小直径的5倍，且不应大于100mm；

③ 受压搭接区段的箍筋间距不应大于搭接钢筋较小直径的10倍，且不应大于200mm；

④ 当柱中纵向受力钢筋直径大于25mm时，应在搭接接头两个端面外100mm范围内各设置两个箍筋，其间距宜为50mm。

检查数量：在同一检验批内，应抽查构件数量的10%，且不应小于3件。

检验方法：观察，尺量。

5. 钢筋安装

（1）主控项目

1）钢筋安装时，受力钢筋的品种、级别、规格和数量必须符合设计要求。

检查数量：全数检查。

检验方法：观察，尺量。

2）钢筋应安装牢固。受力钢筋的安装位置、锚固方式应符合设计要求。

检查数量：全数检查。

检验方法：观察，尺量。

（2）一般项目

钢筋安装偏差及检验方法应符合表3-22的规定，受力钢筋保护层厚度的合格点率应达到90%及以上，且不得有超过表中数值1.5倍的尺寸偏差。

检查数量：在同一检验批内，对梁、柱和独立基础，应抽查构件数量的10%，且不少于3件；对墙和板，应按有代表性的自然间抽查10%，且不少于3间；对大空间结构，墙可按相邻轴线间高度5m左右划分检查面，板可按纵、横轴线划分检查面，抽查10%，且均不少于3面。

表 3-22 钢筋安装位置允许偏差和检验方法

项目		允许偏差/mm	检验方法
绑扎钢筋网	长、宽	±10	尺量
	网眼尺寸	±20	尺量连续三挡，取最大偏差值
绑扎钢筋骨架	长	±10	尺量
	宽、高	±5	尺量
纵向受力钢筋	锚固长度	−20	尺量
	间距	±10	尺量两端、中间各一点，取最大偏差值
	排距	±5	
纵向受力钢筋、箍筋的混凝土保护层厚度	基础	±10	尺量
	柱、梁	±5	尺量
	板、墙、壳	±3	尺量
绑扎箍筋、横向钢筋间距		±20	尺量连续三挡，取最大偏差值
钢筋弯起点位置		20	尺量
预埋件	中心线位置	5	尺量
	水平高差	+3，0	塞尺量测

注：检查中心线位置时，应沿纵、横两个方向量测，并取其中偏差的较大值。

四、混凝土分项工程

1. 一般规定

（1）混凝土强度应按现行国家标准《混凝土强度检验评定标准》（GB/T 50107—2010）的规定分批检验评定。划入同一检验批的混凝土，其施工持续时间不宜超过 3 个月。

检验评定混凝土强度时，应采用 28d 或设计规定龄期的标准养护试件。

试件成型方法及标准养护条件应符合现行国家标准《普通混凝土力学性能试验方法标准》（GB/T 50081—2002）的规定。采用蒸汽养护的构件，其试件应先随构件同条件养护，然后再置入标准养护条件下继续养护至 28d 或设计规定龄期。

（2）当采用非标准尺寸试件时，应将其抗压强度乘以尺寸折算系数，折算成边长为 150mm 的标准尺寸试件抗压强度。尺寸折算系数应按现行国家标准《混凝土强度检验评定标准》（GB/T 50107—2010）采用，如表 3-23 所示。

表 3-23 混凝土试件尺寸及强度的尺寸换算系数

骨料最大粒径/mm	试件尺寸/mm	强度的尺寸换算系数
≤31.5	100×100×100	0.95
≤40	150×150×150	1.00
≤63	200×200×200	1.05

注：对强度等级为 C60 及以上的混凝土试件，其强度的尺寸换算系数可通过试验确定。

（3）当混凝土试件强度评定不合格时，应委托具有资质的检测机构按国家现行有关标准的规定对结构构件中的混凝土强度进行检测推定，并应按《混凝土结构工程施工质量验收规范》（GB 50204—2015）第 10.2.2 条的规定进行处理。

（4）混凝土有耐久性指标要求时，应按现行行业标准《混凝土耐久性检验评定标准》

(JGJ/T 193—2009) 的规定检验评定。

(5) 大批量、连续生产的同一配合比混凝土，混凝土生产单位应提供基本性能试验报告。

(6) 预拌混凝土的原材料质量、制备等应符合现行国家标准《预拌混凝土》(GB/T 14902—2012) 的规定。

(7) 水泥、外加剂进场检验，当满足下列条件之一时，其检验批容量可扩大一倍：

① 获得认证的产品；

② 同一厂家、同一品种、同一规格的产品，连续三次进场检验均一次检验合格。

2. 原材料

(1) 主控项目

1) 水泥进场时，应对其品种、代号、强度等级、包装或散装编号、出厂日期等进行检查，并应对水泥的强度、安定性和凝结时间进行检验，检验结果应符合现行国家标准《通用硅酸盐水泥》(GB 175—2007) 等的相关规定。

检查数量：按同一厂家、同一品种、同一代号、同强度等级、同一批号且连续进场的水泥，袋装不超过 200t 为一批，散装不超过 500t 为一批，每批抽样不少于一次。

检验方法：检查质量证明文件和抽样检验报告。

2) 混凝土外加剂进场时，应对其品种、性能、出厂日期等进行检查，并应对外加剂的相关性能指标进行检验，检验结果应符合现行国家标准《混凝土外加剂》(GB 8076—2008) 和《混凝土外加剂应用技术规范》(GB 50119—2013) 等的规定。

检查数量：按同一厂家、同一品种、同一性能、同一批号且连续进场的外加剂，不超过 50t 为一批，每批抽样数量不应少于一次。

检验方法：检查质量证明文件和抽样检验报告。

(2) 一般项目

1) 混凝土用矿物掺合料进场时，应对其品种、技术指标、出厂日期等进行检查，并应对矿物掺合料的相关技术指标进行检验，检验结果应符合国家现行有关标准的规定。

检查数量：按同一厂家、同一品种、同一技术指标、同一批号且连续进场的矿物掺合料，粉煤灰、石灰石粉、磷渣粉和钢铁渣粉不超过 200t 为一批，粒化高炉矿渣粉和符合矿物掺合料不超过 500t 为一批，沸石粉不超过 120t 为一批，硅灰不超过 30t 为一批，每批抽样数量不应少于一次。

检验方法：检查质量证明文件和抽样检验报告。

2) 混凝土原材料中的粗骨料、细骨料质量应符合现行行业标准《普通混凝土用砂、石质量及检验方法标准》(JGJ 52—2006) 的规定，使用经过净化处理的海砂应符合现行行业标准《海砂混凝土应用技术规范》(JGJ 206—2010) 的规定，再生混凝土骨料应符合现行国家标准《混凝土用再生粗骨料》(GB/T 25177—2010) 和《混凝土和砂浆用再生细骨料》(GB/T 25176—2010) 的规定。

检查数量：按现行行业标准《普通混凝土用砂、石质量及检验方法标准》(JGJ 52—2006) 的规定确定。

检验方法：检查抽样检验报告。

3) 混凝土拌制及养护用水应符合现行行业标准《混凝土用水标准》(JGJ 63—2006) 的规定。采用饮用水时，可不检验；采用中水、搅拌站清洗水、施工现场循环水等其他水源时，应对其成分进行检验。

检查数量：同一水源检查不应少于一次。

检验方法：检查水质检验报告。

3. 混凝土拌合物

(1) 主控项目

1) 预拌混凝土进场时，其质量应符合现行国家标准《预拌混凝土》(GB/T 14902—2012) 的规定。

检查数量：全数检查。

检验方法：检查质量证明文件。

2) 混凝土拌合物不应离析。

检查数量：全数检查。

检验方法：观察。

3) 混凝土中氯离子含量和碱总含量应符合现行国家标准《混凝土结构设计规范》(GB 50010—2010) 的规定和设计要求。

检查数量：同一配合比的混凝土检查不应少于一次。

检验方法：检查原材料试验报告和氯离子、碱的总含量计算书。

4) 首次使用的混凝土配合比应进行开盘鉴定，其原材料、强度、凝结时间、稠度等应满足设计配合比的要求。

检查数量：同一配合比的混凝土检查不应少于一次。

检验方法：检查开盘鉴定资料和强度试验报告。

(2) 一般项目

1) 混凝土拌合物稠度应满足施工方案的要求。

检查数量：对同一配合比混凝土，取样应符合下列规定：

① 每拌制 100 盘且不超过 $100m^3$ 时，取样不得少于一次；

② 每工作班拌制不足 100 盘时，取样不得少于一次；

③ 连续浇筑超过 $1000m^3$ 时，每 $200m^3$ 取样不得少于一次；

④ 每一楼层取样不得少于一次。

检验方法：检查稠度抽样检验记录。

2) 混凝土有耐久性指标要求时，应在施工现场随机抽取试件进行耐久性检验，其检验结果应符合国家现行有关标准的规定和设计要求。

检查数量：同一配合比的混凝土，取样不应少于一次，留置试件数量应符合国家现行标准《普通混凝土长期性能和耐久性能试验方法标准》(GB/T 50082—2009) 和《混凝土耐久性检验评定标准》(JGJ/T 193—2009) 的规定。

检验方法：检查试件耐久性试验报告。

3) 混凝土有抗冻要求时，应在施工现场进行混凝土含气量检验，其检验结果应符合国家现行有关标准的规定和设计要求。

检查数量：同一配合比的混凝土，取样不应少于一次，取样数量应符合现行国家标准《普通混凝土拌合物性能试验方法标准》(GB/T 50080—2002) 的规定。

检验方法：检查混凝土含气量试验报告。

4. 混凝土施工

(1) 主控项目

1) 混凝土的强度等级必须符合设计要求。用于检查结构构件混凝土强度的试件，应在混凝土的浇筑地点随机抽取。

检查数量：对同一配合比混凝土，取样与试件留置应符合下列规定：

① 每拌制 100 盘且不超过 $100m^3$ 的同配合比的混凝土，取样不得少于一次；

② 每工作班拌制不足 100 盘时，取样不得少于一次；

③ 连续浇筑超过 $1000m^3$ 时，每 $200m^3$ 取样不得少于一次；

④ 每一楼层取样不得少于一次；

⑤ 每次取样应至少留置一组试件。

检验方法：检查施工记录及混凝土强度试验报告。

(2) 一般项目

1) 后浇带的留置位置应符合实际要求。后浇带和施工缝的留设及处理方法应符合施工方案要求。

检查数量：全数检查。

检验方法：观察。

2) 混凝土浇筑完毕后应及时进行养护，养护时间以及养护方法应符合施工方案要求。

检查数量：全数检查。

检验方法：观察，检查施工记录。

五、现浇结构分项工程

1. 一般规定

(1) 现浇结构质量验收应符合下列规定：

① 现浇结构质量验收应在拆模后、混凝土表面未做修整和装饰前进行，并应作出记录；

② 已经隐蔽的不可直接观察和量测的内容，可检查隐蔽工程验收记录；

③ 修整或返工的结构构件或部位应有实施前后的文字及图像记录。

(2) 现浇结构的外观质量缺陷，应由监理（建设）单位、施工单位等各方根据其对结构性能和使用功能影响的严重程度，按表 3-24 确定。

表 3-24 现浇结构外观质量缺陷

名称	现 象	严重缺陷	一般缺陷
露筋	构件内钢筋未被混凝土包裹而外露	纵向受力钢筋有露筋	其他钢筋有少量露筋
蜂窝	混凝土表面缺少水泥浆而形成石子外露	构件主要受力部位有蜂窝	其他部位有少量蜂窝
孔洞	混凝土中孔穴深度和长度均超过保护层厚度	构件主要受力部位有孔洞	其他部位有少量孔洞
夹渣	混凝土中夹有杂物且深度超过保护层厚度	构件主要受力部位有夹渣	其他部位有少量夹渣
疏松	混凝土中局部不密实	构件主要受力部位有疏松	其他部位有少量疏松

续表

名称	现象	严重缺陷	一般缺陷
裂缝	缝隙从混凝土表面延伸至混凝土内部	构件主要受力部位有影响结构性能或使用功能的裂缝	其他部位有少量不影响结构性能或使用功能的裂缝
连接部位缺陷	构件连接处混凝土缺陷及连接钢筋、连接铁件松动	连接部位有影响结构传力性能的缺陷	连接部位有基本不影响结构传力性能的缺陷
外形缺陷	缺棱掉角、棱角不直、翘曲不平、飞出凸肋等	清水混凝土构件内有影响使用功能或装饰效果的外形缺陷	其他混凝土构件有不影响使用功能的外形缺陷
外表缺陷	构件表面麻面、掉皮、起砂、沾污等	具有重要装饰效果的清水混凝土构件有外表缺陷	其他混凝土构件有不影响使用功能的外表缺陷

(3) 装配式结构现浇部分的外观质量、位置偏差、尺寸偏差验收应符合本章节要求。

2. 外观质量

(1) 主控项目

对现浇结构的外观质量不应有严重缺陷。

对已经出现的严重缺陷，应由施工单位提出技术处理方案，并经监理（建设）单位认可后进行处理；对裂缝或连接部位的严重缺陷及其他影响结构安全的严重缺陷，技术处理方案尚应经设计单位认可。对经处理的部位，应重新检查验收。

检查数量：全数检查。

检验方法：观察，检查处理记录。

(2) 一般项目

现浇结构的外观质量不应有一般缺陷。

对已经出现的一般缺陷，应由施工单位按技术处理方案进行处理，对经处理的部位应重新验收。

检查数量：全数检查。

检验方法：观察，检查处理记录。

3. 位置和尺寸偏差

(1) 主控项目

现浇结构不应有影响结构性能和使用功能的尺寸偏差。混凝土设备基础不应有影响结构性能和设备安装的尺寸偏差。

对超过尺寸允许偏差且影响结构性能和安装、使用功能的部位，应由施工单位提出技术处理方案，并经监理（建设）单位认可后进行处理，对经处理的部位，应重新检查验收。

检查数量：全数检查。

检验方法：量测，检查处理记录。

(2) 一般项目

1) 现浇结构的位置和尺寸偏差及检验方法应符合表 3-25 的规定。

检查数量：按楼层、结构缝或施工段划分检验批。在同一检验批内，对梁、柱和独立基础，应抽查构件数量的 10%，且不少于 3 件；对墙和板，应按有代表性的自然间抽查 10%，且不少于 3 间；对大空间结构，墙可按相邻轴线间高度 5m 左右划分检查面，板可按纵、横轴线划分检查面，抽查 10%，且均不少于 3 面；对电梯井应全数检查。

检验方法：量测检查。

表 3-25　现浇结构位置和尺寸允许偏差及检验方法

项目			允许偏差/mm	检验方法
轴线位置	基础		15	经纬仪及尺量
	独立基础		10	经纬仪及尺量
	墙、柱、梁		8	经纬仪及尺量
垂直度	层高	≤6m	10	经纬仪或吊线、尺量
		>6m	12	经纬仪或吊线、尺量
	全高(*H*)≤300m		*H*/30000+20	经纬仪、尺量
	全高(*H*)>300m		*H*/10000 且≤80	经纬仪、尺量
标高	层高		±10	水准仪或拉线、尺量
	全高		±30	水准仪或拉线、尺量
截面尺寸	基础		+15,−10	尺量
	柱、梁、板、墙		+10,−5	尺量
	楼梯相邻踏步高差		6	尺量
电梯井	中心位置		10	尺量
	长、宽尺寸		+25,0	尺量
表面平整度			8	2m 靠尺和塞尺量测
预埋件中心位置	预埋板		10	尺量
	预埋螺栓		5	尺量
	预埋管		5	尺量
	其他		10	尺量
预埋洞、孔中心线位置			15	尺量

注：1. 检查轴线、中心线位置时，应沿纵、横两个方向量测，并取其中偏差的较大值。

2. *H* 为全高，单位为 mm。

2）现浇设备基础的位置和尺寸应符合设计和设备安装的要求。其位置和尺寸偏差及检验方法应符合表 3-26 的规定。

表 3-26　现浇设备基础位置和尺寸允许偏差及检验方法

项目		允许偏差/mm	检验方法
坐标位置		20	经纬仪及尺量
不同平面标高		0,−20	水准仪或拉线、尺量
平面外形尺寸		±20	尺量
凸台上平面外形尺寸		0,−20	尺量
凹槽尺寸		+20,0	尺量
平面水平度	每米	5	水平尺、塞尺量测
	全长	10	水准仪或拉线、尺量
垂直度	每米	5	经纬仪或吊线、尺量
	全高	10	经纬仪或吊线、尺量
预埋地脚螺栓	中心位置	2	尺量
	顶标高	+20,0	水准仪或拉线、尺量

续表

项目		允许偏差/mm	检验方法
预埋地脚螺栓	中心距	±2	尺量
	垂直度	5	吊线、尺量
预埋地脚螺栓孔	中心线位置	10	钢尺检查
	截面尺寸	+20,0	
	深度	+20,0	钢尺检查
	垂直度	h/100且≤10	吊线、尺量
预埋活动地脚螺栓锚板	中心线位置	5	尺量
	标高	+20,0	水准仪或拉线、尺量
	带槽锚板平整度	5	直尺、塞尺量测
	带螺纹孔锚板平整度	2	直尺、塞尺量测

注：1. 检查坐标、中心线位置时，应沿纵、横两个方向量测，并取其中偏差的较大值。
2. h 为预埋地脚螺栓孔孔深，单位为 mm。

六、装配式结构分项工程

1. 一般规定

(1) 装配式结构连接部位及叠合构件浇筑混凝土之前，应进行隐蔽工程验收。隐蔽工程验收应包括下列主要内容：

① 混凝土粗糙面的质量、键槽的尺寸、数量、位置；

② 钢筋的牌号、规格、数量、位置、间距，箍筋弯钩的弯折角度及平直段长度；

③ 钢筋的连接方式、接头位置、接头数量、接头面积百分率、搭接长度、锚固方式及锚固长度；

④ 预埋件、预留管线的规格、数量、位置。

(2) 装配式结构的接缝施工质量及防水性能应符合设计要求和国家现行有关标准的规定。

2. 预制构件

(1) 主控项目

1) 预制构件的质量应符合《混凝土结构工程施工质量验收规范》(GB 50204—2015)、国家现行有关标准的规定和设计的要求。

检查数量：全数检查。

检验方法：检查质量证明文件或质量验收记录。

2) 专业企业生产的预制构件进场时，预制构件结构性能检验应符合下列规定：

① 梁板类简支受弯预制构件进场时应进行结构性能的检验，并应符合下列规定：

a. 结构性能检验应符合国家现行有关标准的有关规定及设计的要求，检验要求和试验方法应符合《混凝土结构工程施工质量验收规范》(GB 50204—2015) 附录B的规定。

b. 钢筋混凝土构件和允许出现裂缝的预应力混凝土构件应进行承载力、挠度和裂缝宽度检验；不允许出现裂缝的预应力构件应进行承载力、挠度和抗裂检验。

c. 对大型构件及有可靠应用经验的构件，可只进行裂缝宽度、抗裂和挠度检验。

d. 对使用数量较少的构件，当能提供可靠依据时，可不进行结构性能检验。

② 对其他预制构件，除设计有专门要求外，进场时可不做结构性能检验。

③ 对进场时不做结构性能检验的预制构件，应采取下列措施：

a. 施工单位或监理单位代表应驻厂监督生产过程。

b. 当无驻厂监督时，预制构件进场时应对其主要受力钢筋数量、规格、间距、保护层厚度及混凝土强度进行实体检验。

检验数量：同一类型预制构件不超过 1000 个为一批，每批随机抽取 1 个构件进行结构性能检验。

检验方法：检查结构性能检验报告或实体检验报告。

注：“同类型”是指同一钢种、同一混凝土强度等级、同一生产工艺和同一结构形式。抽取预制构件时，宜从设计荷载最大、受力最不利或生产数量最多的预制构件中抽取。

3）预制构件的外观质量不应有严重缺陷，且影响结构性能和安装、使用功能的尺寸偏差。

检查数量：全数检查。

检验方法：观察，尺量；检查处理记录。

4）预制构件上的预埋件、预留插筋、预埋管线等的规格和数量以及预留孔、预留洞的数量应符合使用要求。

检查数量：全数检查。

检验方法：观察。

（2）一般项目

1）预制构件应有标识。

检查数量：全数检查。

检验方法：观察。

2）预制构件的外观质量不应有一般缺陷。

检查数量：全数检查。

检验方法：观察。

3）预制构件尺寸偏差及检验方法应符合表 3-27 的规定；设计有专门规定时，尚应符合设计要求。施工过程中临时使用的预埋件，其中心线位置允许偏差可取表 3-28 中规定数值的 2 倍。

检查数量：同一类型的构件，不超过 100 个为一批，每批应抽查构件数量的 5%，且不少于 3 个。

4）预制构件的粗糙面的质量及键槽的数量应符合设计要求。

检查数量：全数检查。

检验方法：观察。

3. 安装与连接

（1）主控项目

1）预制构件临时固定措施应符合施工方案的要求。

检查数量：全数检查

检验方法：观察。

2）钢筋采用套筒灌浆连接时，灌浆应饱满、密实，其材料及连接质量应符合国家现行行业标准《钢筋套筒灌浆连接应用技术规程》(JGJ 355—2015) 的规定确定。

表 3-27 预制构件尺寸允许偏差及检验方法

项目			允许偏差/mm	检验方法
长度	楼板、梁、柱、桁架	<12m	±5	尺量
		≥12m 且<18m	±10	
		≥18m	±20	
	墙板		±4	
宽度、高(厚)度	楼板、梁、柱、桁架		±5	尺量一端及中部，取其中偏差绝对值较大处
	墙板		±4	
表面平整度	楼板、梁、柱、墙板内表面		5	2m 靠尺和塞尺量测
	墙板外表面		3	
侧向弯曲	楼板、梁、柱		L/750 且≤20	拉线、直尺量测最大侧向弯曲处
	墙板、桁架		L/1000 且≤20	
翘曲	楼板		L/750	调平尺在两端量测
	墙板		L/1000	
对角线	楼板		10	尺量两个对角线
	墙板		5	
预留孔	中心线位置		5	尺量
	孔尺寸		±5	
预留洞	中心线位置		10	尺量
	洞口尺寸、深度		±10	
预埋件	预埋板中心线位置		5	尺量
	预埋板与混凝土面平面高差		0，−5	
	预埋螺栓		2	
	预埋螺栓外露长度		+10，−5	
	预埋套筒、螺母中心线位置		2	
	预埋套筒、螺母与混凝土平面高差		±5	
预留插筋	中心线位置		5	尺量
	外露长度		+10，−5	
键槽	中心线位置		5	尺量
	长度、宽度		±5	
	深度		±10	

注：1. L 为构件长度（mm）；

2. 检查中心线、螺栓和孔道位置偏差时，应由纵、横两个方向量测，并取其中偏差的较大值。

表 3-28　装配式结构构件位置和尺寸允许偏差及检验方法

项　目			允许偏差/mm	检验方法
构件轴线位置	竖向构件(柱、墙板、桁架)		8	经纬仪及尺量
	水平构件		5	
标高	梁、柱、墙板、楼板底面或顶面		±5	水准仪或拉线、尺量
构件垂直度	柱、墙板安装后的高度	≤6m	5	经纬仪或吊线、尺量
		>6m	10	
构件倾斜度	梁、桁架		5	经纬仪或吊线、尺量
相邻构件平整度	梁、楼板底面	外露	3	2m 靠尺和塞尺量测
		不外露	5	
	柱、墙板	外露	5	
		不外露	8	
预留孔	中心线位置		5	尺量
	孔尺寸		±5	
构件搁置长度	梁、板		±10	尺量
支座、支垫中心位置	板、梁、柱、墙板、桁架		10	尺量
墙板接缝宽度			±5	尺量

检查数量：按国家现行行业标准《钢筋套筒灌浆连接应用技术规程》(JGJ 355—2015) 的规定确定。

检验方法：检查质量证明文件、灌浆记录及相关检验报告。

3) 钢筋采用焊接连接时，其接头质量应符合现行行业标准《钢筋焊接及验收规程》(JGJ 18—2012) 的规定。

检查数量：按现行行业标准《钢筋焊接及验收规程》(JGJ 18—2012) 的规定确定。

检验方法：检查质量证明文件及平行加工试件的检验报告。

4) 钢筋采用机械连接时，其接头质量应符合现行行业标准《钢筋机械连接技术规程》(JGJ 107—2010) 的规定。

检查数量：按现行行业标准《钢筋机械连接技术规程》(JGJ 107—2010) 的规定确定。

检验方法：检查质量证明文件、施工记录及平行加工试件的检验报告。

5) 预制构件采用焊接、螺栓连接等连接方式时，其材料性能及施工质量应符合国家现行标准《钢结构工程施工质量验收规范》(GB 50205—2001) 和《钢筋焊接及验收规程》(JGJ 18—2012) 的相关规定。

检查数量：按国家现行标准《钢结构工程施工质量验收规范》(GB 50205—2001) 和《钢筋焊接及验收规程》(JGJ 18—2012) 的相关规定确定。

检验方法：检查施工记录及平行加工试件的检验报告。

6) 装配式结构采用现浇混凝土连接构件时，构件连接处后浇混凝土的强度应符合设计要求。

检查数量：按《混凝土结构工程施工质量验收规范》（GB 50204—2015）第7.4.1的规定确定。

检验方法：检查混凝土强度试验报告。

7）装配式结构施工后，其外观质量不应有严重缺陷，且不应有影响结构性能和安装、使用功能的尺寸偏差。

检查数量：全数检查。

检验方法：观察，量测；检查处理记录。

（2）一般项目

1）装配式结构施工后，其外观质量不应有一般缺陷。

检查数量：全数检查。

检验方法：观察，检查处理记录。

2）装配式结构施工后，预制构件位置、尺寸偏差及检验方法应符合实际要求；当设计无具体要求时，应符合表3-28的规定。

检查数量：按楼层、结构缝或施工段划分检验批。在同一检验批内，对梁、柱和独立基础，应抽查构件数量的10%，且不应少于3件；对墙和板，应按有代表性的自然间抽查10%，且不应少于3间；对大空间结构，墙可按相邻轴线间高度5m左右划分检查面，板可按纵、横轴线划分检查面，抽查10%，且均不应少于3面。

检验方法：观察，钢尺检查。

七、混凝土结构子分部工程

1.结构实体检验

（1）对涉及混凝土结构安全的有代表性的部位应进行结构实体检验。结构实体检验应包括混凝土强度、钢筋保护层厚度、结构位置与尺寸偏差以及合同约定的项目；必要时可检验其他项目。

结构实体检验应由监理单位组织施工单位实施，并见证实施过程。施工单位应制定结构实体检验专项方案，并经监理单位审核批准后实施。除结构位置与尺寸偏差的结构实体检验项目，应由具有相应资质的检测机构完成。

（2）结构实体混凝土强度应按不同强度等级分别检验，检验方法宜采用同条件养护试件方法；当未取得同条件养护试件强度或同条件养护试件强度不符合要求时，可采用回弹-取芯法进行检验。

结构实体混凝土同条件养护试件强度检验应符合《混凝土结构工程施工质量验收规范》（GB 50204—2015）附录C的规定；结构实体混凝土回弹-取芯法强度检验应符合《混凝土结构工程施工质量验收规范》（GB 50204—2015）附录D的规定。

混凝土强度检验时的等效养护龄期可取日平均温度逐日累计达到600℃·d时所对应的龄期，且不小于14d。日平均温度为0℃及以下的龄期不计入。

冬期施工时，等效养护龄期计算时温度可取结构构件实际养护温度，也可根据结构构件的实际养护条件，按照同条件养护试件强度与在标准养护条件下28d龄期试件强度相等的原则由监理、施工等各方共同确定。

（3）钢筋保护层厚度检验应符合《混凝土结构工程施工质量验收规范》（GB 50204—

2015）附录 E 的规定。

（4）结构位置与尺寸偏差检验应符合《混凝土结构工程施工质量验收规范》（GB 50204—2015）附录 F 的规定。

（5）结构实体检验中，当混凝土强度或钢筋保护层厚度检验结构不满足要求时，应委托具有资质的检测机构按国家现行有关标准的规定进行检测。

（6）当未能取得同条件养护试件强度，同条件养护试件强度被判为不合格或钢筋保护层厚度不满足要求时，应委托具有相应资质等级的检测机构，按国家有关标准的规定进行检测。

2. 混凝土结构子分部工程验收

（1）混凝土结构子分部工程施工质量验收合格应符合下列规定：

① 所含分项工程质量验收合格；

② 应有完整的质量控制资料；

③ 观感质量验收应合格；

④ 结构实体检验结果应符合《混凝土结构工程施工质量验收规范》（GB 50204—2015）的要求。

（2）当混凝土结构施工质量不符合要求时应按下列规定进行处理：

① 经返工、返修或更换构件部件的检验批，应重新进行验收；

② 经有资质的检测单位检测鉴定，达到设计要求的检验批，应予以验收；

③ 经有资质的检测单位检测鉴定，达不到设计要求，但经原设计单位核算，并确认仍可满足结构安全和使用功能的检验批，可予以验收；

④ 经返修或加固处理，能够满足结构可靠性要求的，可根据技术处理方案和协商文件进行验收。

（3）混凝土结构子分部工程施工质量验收时，应提供下列文件和记录：

① 设计变更文件；

② 原材料质量证明文件和抽样检验报告；

③ 预拌混凝土的质量证明文件；

④ 混凝土、灌浆料的性能检验报告；

⑤ 钢筋接头的试验报告；

⑥ 预制构件的质量证明文件和安装验收记录；

⑦ 预应力筋用锚具、连接器的质量证明文件和抽样检验报告；

⑧ 预应力筋安装、张拉的检验记录；

⑨ 钢筋套筒灌浆连接及预应力孔道灌浆记录；

⑩ 隐蔽工程验收记录；

⑪ 混凝土工程施工记录；

⑫ 混凝土试件的试验报告；

⑬ 分项工程验收记录；

⑭ 结构实体检验记录；

⑮ 工程的重大质量问题的处理方案和验收记录；

⑯ 其他必要的文件和记录。

（4）混凝土结构工程子分部工程施工质量验收合格后，应按有关规定将验收文件存档备案。

能力训练题

一、单项选择题

1. 某悬挑长度为1.2m，混凝土强度为C30的现浇阳台板，当混凝土强度至少应达到（ ）N/mm^2，时，方可拆除底模。

A. 15　　B. 21　　C. 22.5　　D. 30

2. 采用先张法生产预应力混凝土构件，放张时，混凝土的强度一般不低于设计强度标准值的（ ）。

A. 50%　　B. 70%　　C. 75%　　D. 80%

3. 当钢筋的品种、级别或规格需做变更时，应办理（ ）。

A. 设计变更文件　　B. 施工日志记录

C. 会议纪要　　D. 征求建设单位同意的文件

4. 钢筋进场时，应按现行国家标准的规定抽取试件做（ ）检验，其质量必须符合有关标准的规定。

A. 尺寸规格　　B. 表面光洁度　　C. 力学性能　　D. 局部外观

5. 箍筋末端弯后平直部分长度、对有抗震等要求的结构不应小于箍筋直径的（ ）倍。

A. 5　　B. 8　　C. 10　　D. 15

6. 水泥的安定性一般是指水泥在凝结硬化过程中（ ）变化的均匀性。

A. 强度　　B. 体积　　C. 温度　　D. 矿物组成

7. 在常温条件下采用自然养护方法时，主体结构混凝土浇筑完毕后，应在（ ）小时以内加以覆盖和浇水。

A. 16　　B. 10　　C. 12　　D. 24

8. 浇筑混凝土时为避免发生离析现象，混凝土自高处倾落的自由高度一般不应超过（ ）m。

A. 1　　B. 2　　C. 3　　D. 5

9. 水泥的初凝时间是指从水泥加水拌和起至水泥浆（ ）所需的时间。

A. 开始失去可塑性　　B. 完全失去可塑性并开始产生强度

C. 开始失去可塑性并达到12MPa强度　　D. 完全失去可塑性

10. 在建筑结构中，从基础到上部结构全部断开的变形缝是（ ）。

A. 伸缩缝　　B. 沉降缝　　C. 防震缝　　D. 温度缝

11. 关于现浇钢筋混凝土肋形楼盖连续梁、板内力计算的说法，正确的是（ ）。

A. 按弹性理论方法计算　　B. 板可按弹性理论方法计算

C. 主梁、次梁按弹性理论方法计算，板按可考虑塑性变形内力重分布方法计算

D. 主梁按弹性理论方法计算，次梁、板按可考虑塑性变形内力重分布的方法计算

12. 跨度8m的钢筋混凝土梁，当设计无要求时，其底模及支架拆除时的混凝土强度应大于或等于设计混凝土立方体抗压强度标准值的（ ）。

A. 50%　　B. 75%　　C. 85%　　D. 100%

13. 钢筋工程机械连接接头试验发现有1个试件的抗拉强度不符合要求，这时应再取

( )个试件进行复验。

A. 3 B. 4 C. 5 D. 6

14. 填充后浇带可采用微膨胀混凝土，强度等级比原结构强度提高一级，并至少保持( )的湿润养护。

A. 7d B. 10d C. 15d D. 21d

15. 在已浇筑的混凝土强度未达到( )以前，不得在其上踩踏或安装模板及支架。

A. 1.2N/m^2 B. 2.5N/m^2

C. 设计强度的25% D. 设计强度的50%

16. 对掺有粉煤灰、火山灰的混凝土，覆盖浇水养护的时间不得少于( )d。

A. 7 B. 10 C. 14 D. 15

17. 当采用插入式振捣器振捣混凝土时，振捣器插入下层混凝土内的深度不应小于( )。

A. 30mm B. 50mm C. 80mm D. 100mm

18. 不承重侧模拆除时，混凝土强度应( )。

A. 符合设计要求

B. 达到设计的混凝土立方体抗压强度标准值的50%以上

C. 达到2.5MPa

D. 能保证其表面及棱角不受损伤

19. 模板工程的设计原则不包括( )。

A. 实用性 B. 经济性 C. 耐久性 D. 安全性

20. 一、二、三级抗震等级设计的框架结构中纵向受力钢筋，当采用普通钢筋时，其检验所得的钢筋抗拉强度实测值与屈服强度实测值的比值不应小于( )。

A. 1.2 B. 1.25 C. 1.3 D. 1.35

21. 在浇筑墙柱混凝土时，在其底部应先填50～100mm厚的与混凝土成分相同的( )。

A. 水泥浆 B. 水泥砂浆 C. 减石子混凝土 D. 混凝土

22. 混凝土施工缝应留在结构受( )较小且便于施工的部位。

A. 荷载 B. 弯矩 C. 剪力 D. 压力

23. 当混凝土试件强度评定不合格时，可采用( )的检测方法，对结构构件中的混凝土强度进行测定，并作为处理的依据。

A. 现场同条件养护 B. 原配合比、原材料重做试件

C. 非破损或破损检测 D. 混凝土试件材料配合比分析

24. 梁下部纵向受力钢筋接头位置宜设置在( )。

A. 梁跨中 B. 梁支座

C. 距梁支座1/3处 D. 可随意设置

25. 混凝土应按国家现行标准的有关规定，根据( )等要求进行配合比设计。

A. 混凝土强度等级、工作性和现场施工条件

B. 混凝土强度等级、耐久性和工作性

C. 混凝土强度等级、使用环境和性能要求

D. 混凝土强度等级、耐久性和性能要求

二、多项选择题

1. 关于泵送混凝土，下列各项中正确的是（　　）。

A. 混凝土泵可以将混凝土一次输送到浇筑地点

B. 混凝土泵车可随意设置

C. 混凝土泵送应能连续工作

D. 混凝土泵送输送管宜直，转弯宜缓

2. 关于混凝土施工缝的留置位置，正确的做法是（　　）。

A. 柱的施工缝留置在基础的顶面

B. 单向板的施工缝留置在平行于板的长边的任何位置

C. 有主次梁的楼板，施工缝留置在主梁跨中 1/3 的范围内

D. 墙体施工缝留置在门洞口过梁跨中 1/3 范围内

E. 墙体施工缝留置在纵横墙交接处

3. 当发现钢筋（　　）等现象时，应对该批钢筋进行化学成分检验或其他专项检验。

A. 脆断　　B. 外观质量不合格

C. 严重锈蚀　　D. 焊接性能不良

E. 力学性能显著不正常

4. 当钢筋的（　　）需作变更时，应办理设计变更文件。

A. 品种　　B. 级别　　C. 接头位置

D. 规格　　E. 接头面积百分率

5. 某现浇钢筋混凝土楼盖，主梁跨度为 8.4m，次梁跨度为 4.5m，次梁轴线间距为 4.2m，施工缝宜留置在（　　）的位置。

A. 距主梁轴线 1m，且平行于主梁轴线　　B. 距主梁轴线 1.8m，且平行于主梁轴线

C. 距主梁轴线 2m，且平行于主梁轴线　　D. 距次梁轴线 2m，且平行于次梁轴线

E. 距次梁轴线 1m，且平行于次梁轴线

6. 跨度为 6m 的现浇钢筋混凝土梁、板，支模时应按设计要求起拱。当设计无具体要求时，起拱高度可以采用（　　）mm。

A. 4　　B. 6　　C. 12　　D. 18　　E. 24

7. 混凝土拌合物的和易性是一项综合的技术性质，它包括（　　）等几方面的含义。

A. 流动性　　B. 耐久性　　C. 黏聚性

D. 饱和度　　E. 保水性

8. 混凝土的耐久性包括（　　）等性能。

A. 抗渗性　　B. 抗冻性　　C. 碱骨料反应

D. 抗辐射　　E. 混凝土的碳化

9. 模板及支架在设计时应具有足够的（　　）。

A. 承载能力　　B. 刚度　　C. 稳定性

D. 强度　　E. 宽度

10. 混凝土的自然养护，下列各项中符合相关规定的有（　　）。

A. 掺有缓凝剂的混凝土，不得少于 21d

B. 在混凝土浇筑完毕后在 12 小时内加以覆盖和浇水

C. 硅酸盐水泥拌制的混凝土，不得少于 7d

D. 矿渣硅酸盐水泥拌制的混凝土，不得少于 7d

E. 有抗渗要求的混凝土，不得少于 14d

三、案例分析题

背景资料：某办公楼工程，建筑面积 82000m^3，地下三层，地上二十层，钢筋混凝土框架剪力墙结构，距邻近六层住宅楼 7m，地基土层为粉质黏土和粉细砂，地下水为潜水。地下水位－9.5m，自然地面－0.5m，基础为筏板基础，埋深 14.5m，基础底板混凝土厚 1500mm，水泥采用普通硅酸盐水泥，采取整体连续分层浇筑方式施工，基坑支护工程委托有资质的专业单位施工，降排的地下水用于现场机具、设备清洗，主体结构选择有相应资质的 A 劳务公司作为劳务分包，并签订了劳务分包合同。

合同履行过程中，发生了下列事件：

事件一：基坑支护工程专业施工单位提出了基坑支护降水采用“排桩＋锚杆＋降水井”方案，施工总承包单位要求基坑支护降水方案进行比选后确定。

事件二：底板混凝土施工中，混凝土浇筑从高处开始，沿短边方向自一端向另一端进行，在混凝土浇筑完 12h 内对混凝土表面进行保温保湿养护，养护持续 7d。养护至 72h 时，测温显示混凝土内部温度 70℃，混凝土表面温度 35℃。

事件三：结构施工至十层时，工期严重滞后。为保证工期，A 劳务公司将部分工程分包给了另一家有相应资质的 B 劳务公司，B 劳务公司进场工人 100 人，因场地狭小，B 劳务公司将工人安排在本工程地下室居住。工人上岗前，项目部安全员向施工作业班组进行了安全技术交底，双方签字确认。

问题：

1. 事件一中，适用于本工程的基坑支护降水方案还有哪些？
2. 降排的地下水还可用于施工现场哪些方面？
3. 指出事件二中底板大体积混凝土浇筑及养护的不妥之处，并说明正确做法。
4. 指出事件三的不妥之处，并说明正确做法。

第三节 钢结构工程

学习要点

了解钢结构工程验收基本准则；

掌握钢结构分项工程检验批划分的基本原则；

掌握焊接验收的主控项目及检查方法；

掌握普通螺栓及高强螺栓连接验收的主控项目及检查方法；

熟悉多层及高层钢结构安装工程的验收要点；

熟悉压型钢板制作验收的主控项目及检查方法；

掌握钢结构分部工程竣工验收的要点。

案例导读

本工程为某小区一栋 6 层钢结构住宅楼。该住宅楼建筑面积为 8465m^2，采用钢框架结构体系，工厂预制构件，现场拼装施工，钢材采用 Q235 钢。框架梁柱间采用栓焊型连接，即梁翼缘和柱翼缘采用焊缝焊接，梁腹板和柱翼缘间通过连接件用高强螺栓连接。工程从开始施工至竣工，工期仅100多天，创造了良好的经济效益。

一、基本准则

（1）钢结构工程施工单位应具备相应的钢结构工程施工资质，施工现场质量管理应有相应的施工技术标准、质量管理体系、质量控制及检验制度，施工现场应有经项目技术负责人审批的施工组织设计、施工方案等技术文件。

根据统一标准的规定，钢结构工程在开工前，应由总监理工程师对施工单位在施工现场的质量管理资料进行检查验收，检查应按照统一标准中的内容，并结合钢结构工程的特点进行，对常规钢结构工程来讲，主要包含以下内容（但不仅限于以下内容）：

① 质量管理制度和质量检验制度；

② 企业技术标准；

③ 钢结构施工资质和分包方资质（如果有）；

④ 施工组织设计或施工方案；

⑤ 专业技术管理和专业工种岗位证书；

⑥ 检验仪器设备及计量设备的计量检验证明文件；

⑦ 相关的图纸、图集及规程、规范；

⑧ 其他有关质量管理的资料。

应该指出，对已经通过ISO 9000系列质量认证的企业，上述检查资料中①、⑧项可不检查。

（2）钢结构工程施工质量的验收，必须采用经计量检定、校准合格的计量器具。不同计量器具有不同的使用要求，同一计量器具在不同使用状况下，测量精度不同，因此，规范要求严格按有关规定正确操作计量器具。

（3）钢结构工程应按下列规定进行施工质量控制：

① 采用的原材料及成品应进行进场验收。凡涉及安全、功能的原材料及成品按本规范规定进行复验，并应经监理工程师（建设单位技术负责人）见证取样、送样；

② 各工序应按施工技术标准进行质量控制，每道工序完成后，应进行检查；

③ 相关各专业工种之间，应进行交接检验，并经监理工程师（建设单位技术负责人）检查认可。

（4）钢结构工程施工质量验收应在施工单位自检基础上，按照检验批、分项工程、分部（子部分）工程进行。钢结构分部（子分部）工程中分项工程划分应按照现行国家标准《建筑工程施工质量验收统一标准》（GB 50300—2013）的规定执行。钢结构分项工程应由一个或若干检验批组成，各分项工程检验批应按本规范的规定进行划分。

据现行国家标准《建筑工程施工质量验收统一标准》（GB 50300—2013）的规定，钢结构工程施工质量的验收，是在施工单位自检合格的基础上，按照检验批、分项工程、分部（子分部）工程进行。一般来说，钢结构作为主体结构，属于分部工程，对大型钢结构工程可按空间刚度单元划分为若干个子分部工程；当主体结构含钢筋混凝土结构、砌体结构等时，钢结构就属于子分部工程。钢结构分项工程是按照主要工种、材料、施工工艺等进行划分，规范将钢结构工程划分为10个分项工程，每个分项工程单独成章，将分项工程划分成检验批进行验收，有助于及时纠正施工中出现的质量问题，确保工程质量，也符合施工实际需要。钢结构分项工程检验批划分遵循以下原则：

① 单层钢结构按变形缝划分；

② 多层及高层钢结构按楼层或施工段划分；

③ 压型金属板工程可按屋面、墙板、楼面等划分；

④ 对于原材料及成品进场时的验收，可以根据工程规模及进料实际情况合并或分解检验批；要强调检验批的验收是最小的验收单元，也是最重要和基本的验收工作内容，分项工程、（子）分部工程乃至于单位工程的验收，都是建立在检验批验收合格的基础之上的。

(5) 分项工程检验批合格质量标准应符合下列规定：

检验批的合格质量主要取决于对主控项目和一般项目的检验结果。主控项目是对检验批的基本质量起决定性影响的检验项目，因此必须全部符合《钢结构工程施工质量验收规范》(GB 50205—2001) 规定，这意味着主控项目允许有不符合要求的检验结果，即这种项目的检查具有否决权。一般项目是指对施工质量不起决定性作用的检验项目。

① 主控项目必须符合《钢结构工程施工质量验收规范》(GB 50205—2001) 合格质量标准的要求；

② 一般项目其检验结果应有 80%及以上的检查点（值）符合本规范合格质量标准的要求，且最大值不应超过其允许偏差值的 1.2 倍；

③ 质量检查记录、质量证明文件等资料应完整。

(6) 分项工程合格质量标准应符合下列规定：

① 分项工程所含的各检验批均应符合本规范合格质量标准；

② 分项工程所含的各检验批质量验收记录应完整。

(7) 当钢结构工程施工质量不符合本规范要求时，应按下列规定进行处理：

① 经返工重做或更换构（配）件的检验批，应重新进行验收；

② 经有资质的检测单位检测鉴定能够达到设计要求的检验批，应予以验收；

③ 经有资质的检测单位检测鉴定达不到设计要求，但经原设计单位核算认可能够满足结构安全和使用功能的检验批，可予以验收；

④ 经返修或加固处理的分项、分部工程，虽然改变外形尺寸但仍能满足安全使用要求，可按处理技术方案和协商文件进行验收。

一般情况下，不符合要求的现象在最基层的验收单元，即检验批时就应发现并及时处理，否则将影响后续检验批和相关的分项工程、（子）分部工程的验收。因此，所有质量隐患必须尽快消灭在萌芽状态。非正常情况的处理分以下四种情况。

第一种情况：在检验批验收时，其主控项目或一般项目不能满足《钢结构工程施工质量验收规范》(GB 50205—2001) 的规定时，应及时进行处理；其中严重的缺陷应返工重做或更换构件；一般的缺陷通过翻修、返工予以解决。应允许施工单位在采取相应的措施后重新验收，如能够符合《钢结构工程施工质量验收规范》(GB 50205—2001) 的规定，则应认为该检验批合格。

第二种情况：当个别检验批发现试件强度、原材料质量等不能满足要求或发生裂纹、变形等问题，且缺陷程度比较严重或验收各方对质量看法有较大分歧而难以通过协商解决时，应请具有资质的法定检测单位检测，并给出检测结论。当检测结果能够达到设计要求时，该检验批可通过验收。

第三种情况：如经检测鉴定达不到设计要求，但经原设计单位核算，仍能满足结构安全和使用功能的情况，该核验批可予验收。一般情况下，规范标准给出的是满足安全和功能的最低限度要求，而设计一般在此基础上留有一些余量。不满足设计要求和符合相应规范标准的要求，两者并不矛盾。

第四种情况：更为严重的缺陷或者超过检验批的更大范围内的缺陷，可能影响结构的安全性和使用功能。在经法定检测单位的检测鉴定以后，仍达不到规范标准的相应要求，即不能满足最低限度的安全储蓄和使用功能，则必须按一定的技术方案进行加固处理，使之能保证其满足安全使用的基本要求，但已造成了一些永久性的缺陷，如改变了结构外形尺寸，影响了一些次要的使用功能等。为避免更大的损失，在基本不影响安全和主要使用功能条件下可采取按处理技术方案和协商文件进行验收，降级使用。但不能作为轻视质量而回避责任的一种出路，这是应该特别注意的。

(8) 通过返修或加固处理仍不能满足安全使用要求的钢结构分部工程，严禁验收。

二、钢结构焊接工程

钢结构焊接工程可按相应的钢结构制作或安装工程检验批划分为一个或若干个检验批。钢结构焊接工程检验批的划分应符合钢结构施工检验批的检验要求。考虑不同的钢结构工程验收批其焊缝数量有较大差异，为了便于检验，可将焊接工程划分一个或几个检验批。碳素结构应在焊缝冷却到环境温度、低合金结构钢应在完成焊接 24h 以后，进行焊缝探伤检验。

在焊接过程中、焊缝冷却过程及以后的相当长的一段时间可能产生裂纹。普通碳素钢产生延迟裂纹的可能性很小，因此规定在焊缝冷却到环境温度后即可进行外观检查。低合金结构钢焊缝的延迟时间较长，考虑到工厂存放条件、现场安装进度、工序衔接的限制以及随着时间延长，产生延迟裂纹的几率逐渐减小等因素，应以焊接完成 24h 后外观检查的结果作为验收的论据。

焊缝施焊后应在工艺规定的焊缝及部位打上焊工钢印。其目的是为了加强焊工施焊质量的动态管理，同时使钢结构工程焊接质量的现场管理更加直观。

1. 主控项目

(1) 焊条、焊丝、焊剂、电渣焊熔嘴等焊接材料与母材的匹配应符合设计要求及国家现行相关行业标准的规定。焊条、焊剂、药芯焊丝、熔嘴等在使用前，应按其产品说明书及焊接工艺文件的规定进行烘焙和存放。

焊接材料对钢结构焊接工程的质量有重大影响。其选用必须符合设计文件和国家现行标准的要求。对于进场时经验收合格的焊接材料，产品的生产日期、保存状态、使用烘焙等也直接影响焊接质量。本条即规定了焊条的选用和使用要求，尤其强调了烘焙状态，这是保证焊接质量的必要手段。

(2) 焊工必须经考试合格并取得合格证书。持证焊工必须在其考试合格项目及其认可范围内施焊。在国家经济建设中，特殊技能操作人员发挥着重要作用。在钢结构工程施工焊接中，焊工是特殊工种，焊工的操作技能和资格对工程质量起到保证作用，必须充分予以重视。这里所指的焊工包括手工操作焊工、机械操作焊工。从事钢结构工程焊接施工的焊工，应根据所从事钢结构焊接工程的具体类型，按国家现行行业标准《钢结构焊接规范》(GB 50661—2011) 等技术规程的要求对施焊焊工进行考试并取得相应证书。

(3) 施工单位对其首次采用的钢材、焊接材料、焊接方法、焊后热处理等，应进行焊接工艺评定，并应根据评定报告确定焊接工艺。

由于钢结构工程中的焊接节点和焊接接头不可能进行现场实物取样检验，而探伤仅能确定焊缝的几何缺陷，无法确定接头的理化性能。为保证工程焊接质量，必须在构件制作和结构安装施工焊接工艺规范。规定了施工企业必须进行工艺评定的条件，施工单位应根据所承担钢结构的类型，按国家现行行业标准《钢结构焊接规范》（GB 50661—2011）等技术规程中的具体规定进行相应的工艺评定。

（4）设计要求全焊透的一、二级焊缝应采用超声波探伤进行内部缺陷的检验，超声波探伤不能对缺陷作出判断时，应采用射线探伤，其内部缺陷分级及探伤方法应符合现行国家标准《钢熔化焊对接接头射结照相和质量分级》的规定。

焊接球节点网架焊缝、螺栓球节点网架焊缝及圆管 T、K、Y 形点相贯线焊缝，其内部缺陷分级及探伤方法应分别符合国家现行标准《焊接球节点钢网架焊缝超声波探伤方法及质量分级法》、《螺栓球节点钢网架焊缝超声波探伤方法及质量分级法》、《钢结构焊接规范》（GB 50661—2011）的规定。

一级、二级焊缝的质量等级及缺陷分级应符合表 3-29 的规定。

表 3-29　一级、二级焊缝质量等级及缺陷分级

焊缝质量等级		一级	二级
内部缺陷超声波探伤	评定等级	Ⅱ	Ⅲ
	检验等级	B 级	B 级
	探伤比例	100%	20%
内部缺陷射线探伤	评定等级	Ⅱ	Ⅲ
	检验等级	AB 级	AB 级
	探伤比例	100%	20%

注：探伤比例的计数方法应按以下原则确定：

1. 对工厂制作焊缝，应按每条焊缝计算百分比，且探伤长度应不小于 200mm，当焊缝长度不足 200mm 时，应对整条焊缝进行探伤；

2. 对现场安装焊缝，应按同一类型、同一施焊条件的焊缝条数计算百分比，探伤长度应不小于 200mm，并应不少于 1 条焊缝。

根据结构的承载情况不同，现行国家标准《钢结构设计规范》（GB 50017—2003）中将焊缝的质量为分三个质量等级。内部缺陷的检测一般可用超声波探伤和射线探伤。射线探伤具有直观性、一致性好的优点，过去人们觉得射线探伤可靠、客观。但是射线探伤成本高、操作程序复杂、检测周期长，尤其是钢结构中大多为 T 形接头和角接头，射线检测的效果差，且射线探伤对裂纹、未熔合等危害性缺陷的检出率低。超声波探伤则正好相反，操作程序简单、快速，对各种接头形式的适应性好，对裂纹、未熔合的检测灵敏度高，因此世界上很多国家对钢结构内部质量的控制采用超声波探伤，一般已不采用射线探伤。

《钢结构设计规范》（GB 50017—2003）规定要求全焊透的一级焊缝 100%检验，二级焊缝的局部检验定为抽样检验。钢结构制作一般较长，对每条焊缝按规定的百分比进行探伤，且每处不小于 200mm 的规定，对保证每条焊缝质量是有利的。但钢结构安装焊缝一般都不长，大部分焊缝为梁—柱连接焊缝，每条焊缝的长度大多在 250～300mm 之间，采用焊缝条数计数抽样检测是可行的。

（5）焊缝表面不得有裂纹、焊瘤等缺陷。一级、二级焊缝不得有表面气孔、夹渣、弧坑裂纹、电弧擦伤等缺陷。且一级焊缝不许有咬边、未焊满、根部收缩等缺陷。

检查数量：每批同类构件抽查 10%，且不应少于 3 件；被抽查构件中，每一类型焊缝按条数抽查5%，且不应少于1条；每条检查1条，总抽查数不应少于10处。

检验方法：观察检查或使用放大镜、焊缝量规定和钢尺检查，当存在疑义时，采用渗透或磁粉探伤检查。

考虑不同质量等级的焊缝承载要求不同，凡是严重影响焊缝承载能力的缺陷都是严禁的。本条对严重影响焊缝承载能力外观质量要求列入主控项目，并给出了外观合格质量要求。由于一、二级焊缝的重要性，对表面气孔、夹渣、弧坑裂纹、电弧擦伤应有特定不允许存在的要求，咬边、未焊满、根部收缩等缺陷对动载影响很大，故一级焊缝不得存在该类缺陷。

2. 一般项目

(1) 对于需要进行焊前预热或焊后热处理的焊缝，其预热温度或后热温度应符国家现行有关标准的规定或通过工艺试验确定。预热区在焊道两侧，每侧宽度均应大于焊件厚度的1.5倍以上，且不应小于100mm；后热处理应在焊后立即进行，保温时间应根据板厚按每25mm板厚为1h确定。

焊接预热可降低热影响区冷却速度，对防止焊接延迟裂纹的产生有重要作用，是各国施工焊接规范关注的重点。由于我国有关钢材焊接试验基础工作不够系统，还没有条件就焊接预热温度的确定方法提出相应的计算公式或图表，目前大多通过工艺试验确定预热温度。必须与预热温度同时规定的是该温度区距离施焊部分各方向的范围，该温度范围越大，焊接热影响区冷却速度越小，反之则冷却速度越大。同样的预热温度要求，如果温度范围不确定，其预热的效果相差很大。

焊缝后热处理主要是对焊缝进行脱氢处理，以防止冷裂纹的产生，后热处理的时机和保温时间直接影响后热处理的效果，因此应在焊后立即进行，并按板厚适当增加处理时间。

(2) 焊出凹形的角焊缝，焊缝金属与母材间应平缓过渡；加工成凹形的角焊缝，不得在其表面留下切痕。

检查数量：每批同类构件抽查10%，且不应少于3件。

为了减少应力集中，提高接头随疲劳载荷的能力，部分角焊缝将焊缝表面焊接或加工凹型。这类接头必须注意焊缝与母材之间的圆滑过渡。同时，在确定焊缝计算厚度时，应考虑焊缝外形尺寸的影响。

(3) 焊缝感观应达到：外形均匀、成型较好，焊道与焊道、焊道与基本金属间过渡较平滑，焊渣和飞溅物基本清除干净。

检查数量：每批同类构件抽查10%，且不应少于3件；被抽查构件中，每种焊缝按数量各抽查5%，总抽查处不应少于5处。

三、紧固件连接工程

本部分内容适用于钢结构制作和安装中的普通螺栓、扭剪型高强度螺栓、高强度大六角头螺栓、钢网架螺栓球节点用高强度螺栓及射击钉、自攻钉、拉铆钉等连接工程的质量验收。

紧固件连接工程可按相应的钢结构制作或安装工程检验批的划分原则划分为一个或若干个检验批。

1. 普通紧固件连接

(1) 主控项目

① 普通螺栓作为永久性连接螺栓时，当设计有要求或对其质量有疑义时，应进行螺栓

实物最小拉力载荷复验，其结果应符合现行国家标准《紧固件机械性能 螺栓、螺钉和螺柱》（GB/T 3098.1—2010）的规定。

检查数量：每一规格螺栓抽查8个。

② 连接薄钢板采用的自攻螺、拉铆钉、射钉等其规格尺寸应与连接钢板相匹配，其间距、边距等应符合设计要求。

检查数量：按连接节点数抽查1%，且不应少于3个。

（2）一般项目

① 永久普通螺栓紧固应牢固、可靠、外露丝扣不应少于2扣。

检查数量：按连接节点数抽查10%，且不应少于3个。

② 自攻螺栓、钢拉铆钉、射钉等与连接钢板应紧固密贴，外观排列整齐。

检查数量：按连接节点数抽查10%，且不应少于3个。

2. 高强度螺栓连接

（1）主控项目

① 钢结构制作和安装单位应按《钢结构工程施工质量验收规范》（GB 50205—2001）附录B的规定分别进行高强度螺栓连接摩擦面的抗滑移系数试验和复验，现场处理的构件摩擦应单独进行摩擦面抗滑移系数试验，其结果应符合设计要求。

抗滑移系数是高强度螺栓连接的主要设计参数之一，直接影响构件的承载力，因此构件摩擦面无论由制造厂处理还是由现场处理，均应对抗滑系数进行测试，测得的抗滑移系数最小值应符合设计要求。

在安装现场局部采用砂轮打磨摩擦面时，打磨范围不小于螺栓孔径的4倍，打磨方向应与构件受力方向垂直。

② 高强度大六角头螺栓连接副终拧完成1h后、48h内应进行终拧扭矩检查，检查结果应符合规范规定。

检查数量：按节点数检查10%，且不应少于10个；每个被抽查节点按螺栓数抽查10%，且不应少于2个。

高强度螺栓终拧1h时，螺栓预拉力的损失已大部分完成，在随后一两天内，损失趋于平稳，当超过一个月后，损失就会停止，但在外界环境影响下，螺栓扭矩系数将会发生变化，影响检查结果的准确性。为了统一和便于操作，本条规定检查时间一定在1h后48h之内完成。

③ 扭剪型高强度螺栓连接副终拧后，除因构造原因无法使用专用扳手终拧掉梅花头者外，未在终拧中拧掉梅花头的螺栓数不应大于该节点螺栓数的5%。对所有梅花头未拧掉的扭剪型高强度螺栓连接副应采用扭矩法或转角头进行终拧掉并用标记，且进行拧扭矩检查。

检查数量：按节点数抽查10%，但不应少于10节点，被抽查节点中梅花头未拧掉的扭剪型高强度螺栓连接副全数进行终拧扭矩检查。

构造原因是指设计原因造成空间太小无法使用专用扳手进行终拧的情况。在扭剪型高强度螺栓施工中，因安装顺序、安装方向考虑不周，或终拧时因对电动扳手使用掌握不熟练，致使终拧时尾部梅花头上的棱端部滑牙（即打滑），无法拧掉梅花头，造成终拧矩是求知数，对此类螺栓应控制一定比例。

（2）一般项目

① 高强度螺栓连接副的施拧顺序和初拧、复拧扭矩应符合设计要求和国家现行行业标

准《钢结构高强度螺栓连接技术规程》(JGJ 82—2011) 的规定。

检查数量：全数检查资料。

高强度螺栓初拧、复拧的目的是为了使摩擦面能密贴，且螺栓受力均匀，对大型节点强调安装顺序是防止节点中螺栓预拉力损失不均，影响连接的刚度。

② 高强度螺栓连接副拧后，螺栓丝扣外露应为 2～3 扣，其中允许有 10%的螺栓丝扣外露 1 扣或 4 扣。

检查数量：按节点数抽查 5%，且不应少于 10 个。

③ 高强度螺栓连接摩擦面应保持干燥、整洁，不应有飞边、毛刺、焊接飞溅物、焊疤、氧气铁皮、污垢等，除设计要求外摩擦面不应涂漆。

检查数量：全数检查。

④ 高强度螺栓应自由穿入螺栓孔。高强度螺栓孔不应采用气割扩孔，扩孔数量应征得设计同意，扩孔后的孔径不应超过 $1.2d$（d 为螺栓直径）。

检查数量：被扩螺栓孔全数检查。

强行穿过螺栓会损伤丝扣，改变高强度螺栓连接副的扭矩系数，甚至连螺母都拧不上，因此强调自由穿入螺栓孔。气割扩孔很不规则，既削弱了构件的有效截面，减少了压力传力面积，还会使扩孔钢材缺陷，故规定不得气割扩孔。最大扩孔量的限制也是基于构件有效截面积和摩擦传力面积的考虑。

⑤ 螺栓球节点网架总拼完成后，高强度螺栓与球节点应紧固连接，高强度螺栓拧入螺栓球内的螺纹长度不应小于 $1.0d$（d 为螺栓直径），连接处不应出现有间隙、松动等未拧紧情况。

检查数量：按节点数抽查 5%，且不应少于 10 个。

对于螺栓球节点网架，其刚度（挠度）往往比设计值要弱，主要原因是因为螺栓球与钢管的高强度螺栓坚固不牢，出现间隙、松动等未拧紧情况，当下部支撑系统拆除后，由于连接间隙、松动等原因，挠度明显加大，超过规范规定的限值。

四、单层钢结构安装工程

本部分内容用于单层钢结构的主体结构、地下钢结构、檩条及墙架等次要构件、钢平台、钢梯、防护栏杆等安装工程的质量验收。

(1) 单层钢结构安装工程可按变形缝或空间刚度单元等划分成一个或若干个检验批。地下钢结构可按不同地下层划分检验批。

(2) 钢结构安装检验批应在进场验收和焊接连接、紧固件连接、制作等分项工程验收合格的基础上进行验收。

(3) 安装的测量校正、高强度螺栓安装、负温度下施工及焊接工艺等，应在安装前进行工艺试验或评定，并应在此基础上制定相应的施工工艺或方案。

(4) 安装偏差的检测，应在结构形成空间刚度单元并连接固定后进行。

(5) 安装时，必须控制屋面、楼面、平台等的施工荷载，施工荷载和冰雪荷载等严禁超过梁、桁架、楼面板、屋面板、平台辅板等的承载能力。

(6) 在形成空间刚度单元后，应及时对柱底板和基础顶面的空隙进行细石混凝土、灌浆料等二次浇灌。

(7) 吊车梁或直接承受动力荷载的梁其受拉翼缘、吊车桁架或直接承受动力荷载的桁架其受拉弦杆上不得焊接悬挂物和卡具等。

1. 基础和支承面

(1) 主控项目

① 建筑物的定位轴线、基础轴线和标高、地脚螺栓的规格及其紧固应符合设计要求。建筑物的定位轴线与基础的标高等直接影响到钢结构的安装质量，故应给予高度重视。

检查数量：按柱基数抽查10%，且不应少于3个。

② 基础顶面直接作为柱的支承面和基础顶面预埋钢板或支座作为柱的支承面时，其支承面、地脚螺栓（锚栓）位置的允许偏差应符合表3-30的规定。

检查数量：按柱基数抽查10%，且不应少于3个。

表3-30　支承面、地脚螺栓（锚栓）位置的允许偏差

项　目		允许偏差/mm
支承面	标高	±3.0
	水平度	l/1000
地脚螺栓(锚栓)	螺栓中心偏移	5.0
预留孔中心偏移		10.0

③ 采用坐浆垫板时，坐浆垫板的允许偏差应符合表3-31的规定。

表3-31　坐浆垫板的允许偏差

项　目	允许偏差/mm
顶面标高	0.0 −3.0
水平度	l/1000
位置	20.0

检查数量：资料全数检查。按柱基数抽查10%，且不应少于3个。

说明：考虑到坐浆垫板设置后不可调节的特性，所以规定其顶面标高0～3.0mm。

④ 采用杯口基础时，杯口尺寸的允许偏差应符合表3-32的规定。

表3-32　杯口尺寸的允许偏差

项　目	允许偏差/mm
底面标高	0.0 −5.0
杯口深度 h	±5.0
杯口垂直度	h/1000，且不应大于10.0
位置	10.0

检查数量：按基础数抽查10%，且不应少于4处。

检验方法：观察及尺量检查。

(2) 一般项目

地脚螺栓（锚栓）尺寸的偏差应符合表3-33的规定。

地脚螺栓（锚栓）的螺纹应受到保护。

表 3-33 地脚螺栓（锚栓）尺寸的允许偏差

项　　目	允许偏差/mm
螺栓(锚栓)露出长度	+30.0 0.0
螺纹长度	+30.0 0.0

检查数量：按柱基数抽查 10%，且不应少于 3 个。

检验方法：用钢尺现场实测。

2. 安装和校正

(1) 主控项目

① 钢构件应符合设计要求和本规范的规定。运输、堆放和吊装等造成钢构件变形及涂层脱落，应进行矫正和修补。

检查数量：按构件数抽查 10%，且不应少于 3 个。

依照全面质量管理中全过程进行质量管理的原则，钢结构安装工程质量应从原材料质量和构件质量抓起，不但要严格控制构件制作质量，而且要控制构件运输、堆放和吊装质量。采取切实可靠措施，防止构件在上述过程中变形或脱漆。如不慎构件产生变形或脱漆，应矫正或补漆后再安装。顶紧面与否直接影响节点荷载传递，是非常重要的。

② 设计要求顶紧的节点，接触面不应少于 70% 紧贴，且边缘最大间隙不应大于 0.8mm。

检查数量：按节点数抽查 10%，且不应少于 3 个。

③ 单层钢结构主体结构的整体垂直度和整体平面弯曲的允许偏差符合表 3-34 的规定。

表 3-34 整体垂直度和整体平面弯曲的允许偏差

项　　目	允许偏差/mm	图　　例
主体结构的整体垂直度	$h/1000$，且不应大于 25.0	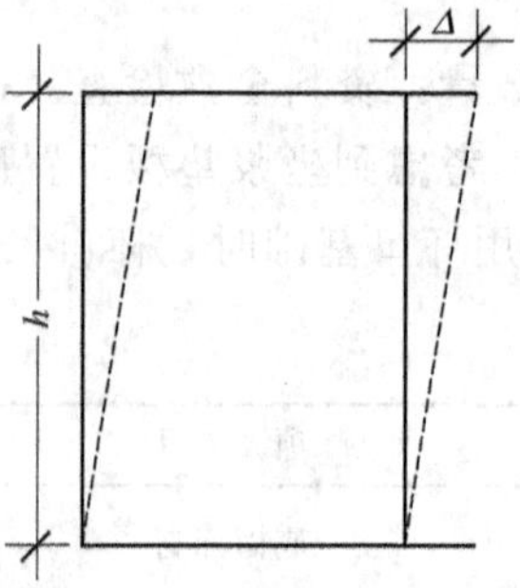 Δ, h
主体结构的整体平面弯曲	$l/1500$，且不应大于 25.0	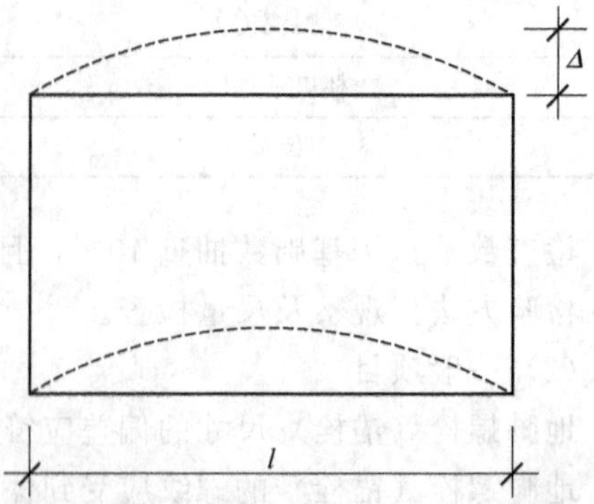 Δ, l

检查数量：对主要立面全部检查。对每个所检查的立面，除两列角柱外，尚应至少选取一列是中间柱。

（2）一般项目

① 钢柱等主要构件的中心线及标高基准点等标记应齐全。钢构件的定位标记（中心线和标高等标记），对工程竣工后正确地进行定期观测，积累工程档案资料和工程的改、扩建至关重要。

检查数量：按同类构件数抽查10%，且不应少于3件。

② 当钢桁架（或梁）安装在混凝土柱上时，其支座中心对定位轴线的偏差不应大于10mm；当采用大型混凝土屋面板时，钢桁架（或梁）间距的偏差不应该大于10mm。

检查数量：按同类构件数抽查10%，且不应少于3榀。

③ 钢柱安装的允许偏差应符合规范的规定。

检查数量：按钢柱数抽查10%，且不应少于3件。

④ 钢吊车梁或直接承受动力荷载的类似构件，其安装的允许偏差应符合规范的规定。

检查数量：按钢吊车梁抽查10%，且不应少于3榀。

⑤ 檩条、墙架等构件数安装的允许偏差应符合规范的规定。

检查数量：按同类构件数抽查10%，且不应少于3件。

⑥ 现场焊缝组对间隙的允许偏差应符合表3-35的规定。

表3-35 现场焊缝组对间隙的允许偏差

项目	允许偏差/mm
无垫板间隙	+3.0 0.0
有垫板间隙	+3.0 0.0

检查数量：按同类节点数抽查10%，且不应少于3个。

检验方法：尺量检查。

⑦ 钢结构表面应干净，结构主要表面不应有疤痕、泥沙等污垢。

检查数量：按同类构件数抽查10%，且不应少于3件。

在钢结构安装工程中，由于构件堆放和施工现场都是露天，风吹雨淋，构件表面极易黏结泥沙、油污等脏物，不仅影响建筑物美观，而且时间长还会侵蚀涂层，造成结构锈蚀。焊疤系构件上固定工卡的临时焊缝未清除干净以及焊工在焊缝接头处外引弧所造成。构件的焊疤影响美观且易积存黏结泥沙。

五、多层及高层钢结构安装工程

本部分内容适用于多层及高层钢结构的主体结构、地下钢结构、檩条及墙架等次要构件、钢平台、钢梯、防护栏杆等安装工程的质量验收。

（1）多层及高层钢结构安装工程可按楼层或施工段等划分为一个或若干个检验批。地下钢结构可按不同地下层划分检验批。

（2）柱、梁、支撑等构件的长度尺寸应包括焊接收缩余量等变形值。多层及高层钢结构的柱与柱、主梁与柱的接头，一般用焊接方法连接，焊缝的收缩值以及荷载对柱的压缩变形，对建筑物的外形尺寸有一定的影响。因此，柱与主梁的制作长度要作如下考虑：柱要考虑荷载对柱的压缩变形值和接头焊缝的收缩变形值；梁要考虑焊缝的收缩变形值。

（3）安装柱时，每节柱的定位轴线应从地面控制轴线直接引上，不得从下层柱的轴线引上。多层及高层钢结构每节柱的定位轴线，一定要从地面的控制轴线直接引上来。这是因为下面一节柱的柱顶位置有安装偏差，所以不得用下节柱的柱顶位置线作上节柱的定位轴线。

（4）结构的楼层标高可按相对标高或设计标高进行控制。多层及高层钢结构安装中，建筑物的高度可以按相对标高控制，也可按设计标高控制，在安装前要先决定哪一种方法。

（5）钢结构安装检验批应在进场验收和焊接连接、紧固件连接、制作等分项工程验收合格的基础上进行验收。

1. 基础和支承面

（1）主控项目

① 建筑物的定位轴线、基础上柱的定位轴线和标高、地脚螺栓（锚栓）的规格和位置、地脚螺栓（锚栓）紧固应符合设计要求。当设计无要求时，应符合表 3-36 的规定。

表 3-36　建筑物定位轴线、基础上柱的定位轴线和标高、地脚螺栓（锚栓）的允许偏差

项　　目	允许偏差/mm	图　　例
建筑物定位轴线	$l/20000$，且不应大于 3.0	l　l
基础上柱的定位轴线	1.0	Δ　Δ
基础上柱底标高	±2.0	基准点

续表

项　目	允许偏差/mm	图　例
地脚螺栓(锚栓)位移	2.0	Δ　Δ

检查数量：按柱基数抽查10%，且不应少于3个。

② 多层建筑以基础顶面直接作为柱的支承面，或以基础顶面预埋钢板或支座作为柱的支承面时，其支承面、地脚螺栓（锚栓）位置的允许偏差应符合规范相关规定。

检查数量：按柱基数抽查10%，且不应少于3个。

③ 多层建筑采用坐浆垫板时，坐浆垫板的允许偏差应符合规范相关规定。

检查数量：资料全数检查。按柱基数抽查10%，且不应少于3个。

④ 当采用杯口基础时，杯口尺寸的允许偏差应符合规范相关规定。

检查数量：按基础数抽查10%，且不应少于4处。

(2) 一般项目

地脚螺栓（锚栓）尺寸的允许偏差应符合规范相关规定。地脚螺栓（锚栓）的螺纹应受保护。

检查数量：按柱基数抽查10%，且不应少于3个。

2. 安装和校正

(1) 主控项目

① 钢构件应符合设计要求和规范。运输、堆放和吊装等造成的钢构件变形及涂层脱落，应进行矫正和修补。

检查数量：按构件数检查10%，且不应少于3个。

② 柱子安装的允许偏差应符合规范相关规定。

检查数量：标准柱全部检查；非标准柱抽查10%，且不应少于3根。

③ 设计要求顶紧的节点，接触面不应少于70%紧贴，且边缘最大间隙不应大于0.8mm。

检查数量：按节点数抽查10%，且不应少于3个。

④ 钢主梁、次梁及受压杆件的垂直度和侧向弯曲矢高的允许偏差应符合表3-37中有关钢屋（托）架允许偏差的规定。

检查数量：按同类构件数抽查10%，且不应少于3个。

⑤ 多层及高层钢结构主体结构的整体垂直度和整体平面弯曲矢高的允许偏差符合表3-38的规定。

表 3-37 柱子安装的允许偏差

项目	允许偏差/mm	图例
底层柱柱底轴线对定位轴线偏移	3.0	Δ Δ
柱子定位轴线	1.0	Δ Δ
单节柱的垂直线	h/1000,且不应大于 10.0	Δ h

表 3-38 整体垂直度和整体平面弯曲矢高的允许偏差

项目	允许偏差/mm	图例
主体结构的整体垂直度	(h/2500+10.0) 且不应大于 50.0	Δ h

续表

项目	允许偏差/mm	图例
主体结构的整体平面弯曲	l/1500，且不应大于 25.0	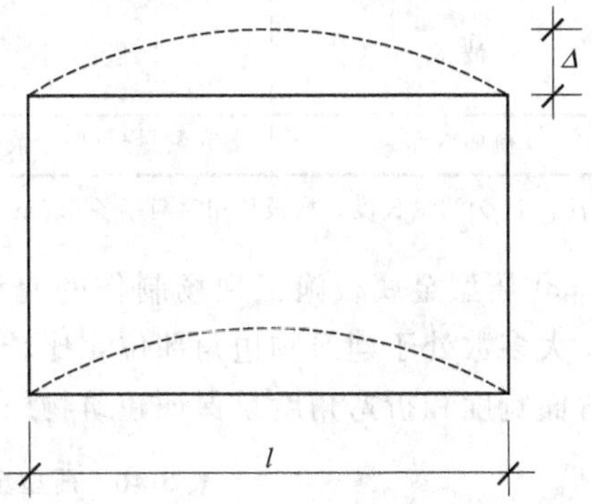

检查数量：对主要立面全部检查。对每个所检查的立面，除两列角柱外，尚应至少选取一列中间柱。

（2）一般项目

① 钢结构表面应干净，结构主要表面不应有疤痕、泥沙等污垢。

检查数量：按同类构件数抽查 10%，且不应少于 3 件。

② 钢柱等主要构件的中心线及高基准点等标记应齐全。

检查数量：按同类构件数抽查 10%，且不应少于 3 件。

六、压型金属板工程

本部分内容适用于压型金属板的施工现场制作和安装工程质量验收。

（1）压型金属板的制作和安装工程可按变形缝、楼层、施工段或屋面、墙面、楼面等划分为一个或若干个检验批。

（2）压型金属板安装应在钢结构安装工程检验批质量合格后进行。

1. 压型金属制作

（1）压型金属板成型后，其基板不应有裂纹。压型金属板的成型过程，实际上也是对基板加工性能的再次评定，必须在成型后，用肉眼和 10 倍放大镜检查。

检查数量：按计件数抽查 5%，且不应少于 10 件。

（2）有涂层、镀层压型金属板成型后，涂、镀层不应有肉眼可见的裂纹、剥落和擦痕等缺陷。压型金属板主要用于建筑物的维护结构，兼结构功能与建筑功能于一体，尤其对于表面有涂层时，涂层的完整与否直接影响压型金属板的使用寿命。

检查数量：按计件数抽查 5%，且不应少于 10 件。

（3）一般项目

① 压型金属板的尺寸允许偏差应符合表 3-39 的规定。

检查数量：按计件数抽查 5%，且不应少于 10 件。

② 压型金属板成型后，表面应干净，不应有明显凹凸和皱褶。

检查数量：按计件数抽查 5%，且不应少于 10 件。

表 3-39 压型金属板的尺寸允许偏差 单位：mm

项目			允许偏差
波距			±2.0
波高	压型钢板	截面高度≤70	±1.5
		截面高度＞70	±2.0
侧向弯曲	在测量长度 h_1 范围内		20.0

注：h_1 为测量长度，指板长扣除两端各 0.5m 后的实际长度（小于 10m）或扣除任选的 10m 长度。

③ 压型金属板施工现场制作的允许偏差应符合表 3-40 的规定。泛水板、包角板等配件，大多数处于建筑物边角部位，比较显眼，其良好的造型将加强建筑物立面效果，检查其折弯面宽度和折弯角度是保证建筑物外观质量的重要指标。

表 3-40 压型金属板施工现场制作的允许偏差 单位：mm

项目		允许偏差
压型金属板的覆盖宽度	截面高度≤70	+10.0，−0.2
	截面高度＞70	+6.0，−2.0
板长		±9.0
横向剪切		6.0
泛水板、包角板尺寸	板长	±6.0
	折弯曲宽度	±3.0
	折弯曲夹角	2°

检查数量：按计件数抽查 5%，且不应少于 10 件。

2. 压型金属板安装

(1) 主控项目

① 压型金属板、泛水板和包角板等应固定可靠、牢固，防腐涂料涂刷和密封材料敷设应完好，连接件数量、间距应符合设计要求和国家现行有关标准规定。

检查数量：全数检查。

压型金属板与支承构件（主体结构或支架）之间，以及压型金属板相互之间的连接是通过不同类型连接件来实现的，固定可靠与否直接与连接件数量、间距、连接质量有关。需设置防水密封材料处，敷设良好才能保证板间不发生渗漏水现象。

② 压型金属板应在支承构件上可靠搭接，搭接长度应符合设计要求，且不应小于表 3-41 所规定的数值。

表 3-41 压型金属板在支承构件上的搭接长度 单位：mm

项目		搭接长度
截面高度＞70		375
截面高度≤70	屋面坡度＜1/10	250
	屋面坡度≥1/10	200
墙面		120

压型金属板在支承构件上的可靠搭接是指压型金属板通过一定的长度与支承构件接触，

且在该接触范围内有足够紧固件将压型金属板与支承构件连接成为一体。

③ 组合楼板中压型钢板与主体结构（梁）的锚固支承长度应符合设计要求，且不应小于50mm，端部锚固件连接可靠，设置位置应符合设计要求。

检查数量：沿连接纵向长度抽查10%，且不应少于10m。

（2）一般项目

① 压型金属板安装应平整、顺直、板面不应有施工残留和污物。檐口和墙下端应吊直线，不应有未经处理的错钻孔洞。

检查数量：按面积抽查10%，且不应少于$10m^2$。

② 压型金属板安装的允许偏差应符合表3-42的规定。

表3-42　压型金属板安装的允许偏差　单位：mm

项　目		允许偏差
屋面	檐口与屋脊的平行度	12.0
	压型金属板波纹线对屋脊的垂直度	l/800，且不应大于25.0
	檐口相邻两块压型金属板端部错位	6.0
	压型金属板卷边板件最大波浪高	4.0
墙面	墙板波纹线的垂直度	h/800，且不应大于25.0
	墙板包角板的垂直度	h/800，且不应大于25.0
	相邻两块压型金属板的下端错位	6.0

注：1. l为屋面半坡或单坡长度。
2. h为墙面高度。

检查数量：檐口与屋脊的平行度：按长度抽查10%，且不应少于10m。

其他项目：每20m长度应抽查1处，不应少于2处。

七、钢结构分部工程竣工验收

（1）根据现行国家标准《建筑工程施工质量验收统一标准》（GB 50300—2013）的规定，钢结构作为主体结构之一应按子分部工程竣工验收；当主体结构均为钢结构时应按分部工程竣工验收。

（2）钢结构分部工程有关安全及功能的检验和见证检测项目见《钢结构工程施工质量验收规范》（GB 50205—2001）附录G，检验应在其分项工程验收合格后进行。

（3）钢结构分部工程有关观感质量检验应按《钢结构工程施工质量验收规范》（GB 50205—2001）附录H执行。

（4）钢结构分部工程合格质量标准应符合下列规定：

① 钢结构工程竣工图纸及相关设计文件；

② 施工现场质量管理检查记录；

③ 有关安全及功能的检验和见证检测项目检查记录；

④ 有关观感质量检验项目检查记录；

⑤ 分部工程所含各分项目工程质量验收记录；

⑥ 分项工程所含各检验批质量验收记录；

⑦ 强制性条文检验项目检查记录及证明文件；

⑧ 隐蔽工程检验项目检查验收记录；
⑨ 原材料、成品质量合格证明文件、中文标志及性能检测报告；
⑩ 不合格项的处理记录及验收记录；
⑪ 重大质量、技术问题实施及验收记录；
⑫ 其他有关文件和记录。

能力训练题

1. 钢结构分项工程检验批划分应遵循哪些原则？
2. 当钢结构工程施工质量不符合规范要求时应如何处理？
3. 钢结构焊接工程验收的主控项目有哪些？
4. 高强度大六角头螺栓连接副有哪些验收要求？
5. 压型金属钢板制作有哪些要求？

第四章

建筑装饰装修工程施工质量验收

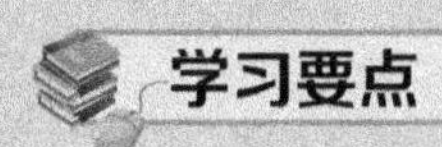

能够学会抹灰工程的验收。
熟悉门窗工程的验收。
熟悉吊顶工程的验收。
熟悉饰面工程的验收。
了解幕墙工程的验收。

案例导读

某高层住宅楼工程，建筑平面呈一字形，地下一层，地上十层，主体结构形式为现浇钢筋混凝土剪力墙结构，内隔墙采用 M5 混合砂浆砌筑 MU3.0 轻骨料混凝土小型空心砌块。楼梯间为地砖，卫生间为 70 厚细石混凝土坡向地漏，15 厚 1：2 水泥砂浆找平层、1.5 厚聚氨酯防水涂料四周上翻 200 高，刷基层处理剂一道、20 厚 1：2 水泥砂浆找平层，其他房间地面用户自理。内墙和顶棚均为抹灰、刮腻子。外窗为塑钢窗，户门为防盗防火门，楼门为智能防盗门。

第一节 基本规定

一、术语

(1) 建筑装饰装修　是为保护建筑物的主体结构、完善建筑物的使用功能和美化建筑物，采用装饰装修材料或饰物，对建筑物的内外表面及空间进行的各种处理过程。

(2) 基体　建筑物的主体结构或围护结构。

(3) 基层　直接承受装饰装修施工的面层。

(4) 细部　建筑装饰装修工程中局部采用的部件或饰物。

二、基本规定

(1) 建筑装饰装修工程必须进行设计，并出具完整的施工图设计文件。

(2) 承担建筑装饰装修工程设计的单位应具备相应的资质，并应建立质量管理体系。由于设计原因造成的质量问题应由设计单位负责。

(3) 建筑装饰装修设计应符合城市规划、消防、环保、节能等有关规定。

(4) 承担建筑装饰装修工程设计的单位应对建筑物进行必要的了解和实地勘察，设计深度应满足施工要求。

(5) 建筑装饰装修工程设计必须保证建筑物的结构安全和主要使用功能。当涉及主体和承重结构改动或增加荷载时，必须由原结构设计单位或具备相应资质的设计单位核查有关原始资料，对既有建筑结构的安全性进行核验、确认。

(6) 建筑装饰装修工程的防火、防雷和抗震设计应符合现行国家标准的规定。

(7) 当墙体或吊顶内的管线可能产生冰冻或结露时，应进行防冻或防结露设计。

三、材料要求

(1) 建筑装饰装修工程所用材料的品种、规格和质量应符合设计要求和国家现行标准的规定。当设计无要求时应符合国家现行标准的规定。严禁使用国家明令淘汰的材料。

(2) 建筑装饰装修工程所用材料的燃烧性能应符合现行国家标准《建筑内部装修设计防火规范》(GB 50222—1995) 和《建筑设计防火规范》(GB 50016—2014) 的规定。

(3) 建筑装饰装修工程所用材料应符合国家有关建筑装饰装修材料有害物质限量标准的规定。

(4) 所有材料进场时应对品种、规格、外观和尺寸进行验收。材料包装应完好，应有产品合格证书、中文说明书及相关性能的检测报告，进口产品应按规定进行商品检验。

(5) 进场后需要进行复验的材料种类及项目应符合规范规定。同一厂家生产的同一品种、同一类型的进场材料应至少抽取一组样品进行复验，当合同另有约定时应按合同执行。

(6) 当国家规定或合同约定应对材料进行见证检测，或对材料的质量发生争议时，应进行见证检测。

(7) 承担建筑装饰装修材料检测的单位应具备相应的资质，并应建立质量管理体系。

(8) 建筑装饰装修工程所使用的材料在运输、储存和施工过程中，必须采取有效措施防止损坏、变质和污染环境。

(9) 建筑装饰装修工程所使用的材料应按设计要求进行防火、防腐和防虫处理。

(10) 现场配制的材料如砂浆、胶粘剂等，应按设计要求或产品说明书配制。

四、施工要求

(1) 承担建筑装饰装修工程施工的单位应具备相应的资质，并应建立质量管理体系。施工单位应编制施工组织设计并应经过审查批准。施工单位应按有关的施工工艺标准或经审定的施工技术方案施工，并应对施工全过程实行质量控制。

(2) 承担建筑装饰装修工程施工的人员应有相应岗位的资格证书。

(3) 建筑装饰装修工程的施工质量应符合设计要求和《建筑装饰装修工程质量验收规范》(GB 50210—2001) 规定，由于违反设计文件和该规范的规定施工造成的质量问题应由施工单位负责。

(4) 建筑装饰装修工程施工中，严禁违反设计文件擅自改动建筑主体、承重结构或主要使用功能；严禁未经设计确认和有关部门批准擅自拆改水、暖、电、燃气、通讯等配套设施。

(5) 施工单位应遵守有关环境保护的法律法规，并应采取有效措施控制施工现场的各种粉尘、废气、废弃物噪声、振动等对周围环境造成的污染和危害。

(6) 施工单位应遵守有关施工安全、劳动保护、防火和防毒的法律法规，应建立相应的管理制度，并应配备必要的设备、器具和标识。

(7) 建筑装饰装修工程应在基体或基层的质量验收合格后施工。对既有建筑进行装饰装修前，应对基层进行处理并达到《建筑装饰装修工程质量验收规范》(GB 50210—2001) 的要求。

(8) 建筑装饰装修工程施工前应有主要材料的样板或做样板间（件），并应经有关各方确认。

(9) 墙面采用保温材料的建筑装饰装修工程，所用保温材料的类型、品种、规格及施工工艺应符合设计要求。

(10) 管道、设备等的安装及高度应在建筑装饰装修工程施工前完成，当必须同步进行时，应在饰面层施工前完成。装饰装修工程不得影响管道、设备等的使用和维修。涉及燃气管道的建筑装饰装修工程必须符合有关安全管理的规定。

(11) 建筑装饰装修工程的电器安装应符合设计要求和国家现行标准的规定。严禁不经穿管直接埋设电线。

(12) 室内外装饰装修工程施工的环境条件应满足施工工艺的要求。施工环境温度不应低于5℃。当必须在低于5℃气温下施工时，应采取保证工程质量的有效措施。

(13) 建筑装饰装修工程施工过程中应做好半成品、成品的保护，防止污染和损坏。

(14) 建筑装饰装修工程验收前应将施工现场清理干净。

第二节 抹灰工程

抹灰工程的验收包括一般抹灰、装饰抹灰和清水砌体勾缝等分项工程的质量验收。

一、一般规定

(1) 抹灰工程验收时应检查下列文件和记录：

① 抹灰工程的施工图、设计说明及其他设计文件；

② 材料的产品合格证书、性能检测报告、进场验收记录和复验报告；

③ 隐蔽工程验收记录；

④ 施工记录。

(2) 抹灰工程应对水泥的凝结时间和安定性进行复验。

(3) 抹灰工程应对下列隐蔽工程项目进行验收：

① 抹灰总厚度大于或等于 35mm 时的加强措施。

② 不同材料基体交接处的加强措施。

(4) 各分项工程的检验批应按下列规定划分：

① 相同材料、工艺和施工条件的室外抹灰工程每 500～1000m^2 应划为一个检验批，不足 500m^2 也应划为一个检验批。

② 相同材料、工艺和施工条件的室内抹灰工程每 50 个自然间（大面积房间和走廊按抹灰面积 30m^2 为一间）应划分为一个检验批，不足 50 间也应划分为一个检验批。

(5) 检查数量应符合下列规定：

① 室内每个检验批应至少抽查 10%，并不得少于 3 间；不足 3 间时应全数检查。

② 室外每个检验批每 100m^2 应至少抽查一处，每处不得小于 10m^2。

(6) 外墙抹灰工程施工前应先安装钢木门窗框、护栏等，并应将墙上的施工孔洞堵塞密实。

(7) 抹灰用的石灰膏的熟化期不应少于 15d；罩面用的磨细石灰粉的熟化期不应少于 3d。

(8) 室内墙面、柱面和门洞口的阳角做法应符合设计要求。设计无要求时，应采用 1∶2 水泥砂浆做护角，其高度不应低于 2m，每侧宽度不应小于 50mm。

(9) 当要求抹灰层具有防水、防潮功能时，应采用防水砂浆。

(10) 各种砂浆抹灰层，在凝结前应防止快干、水冲、撞击、振动和受冻，在凝结后应采取措施防止玷污和损坏。水泥砂浆抹灰层应在湿润条件下养护。

(11) 外墙和顶棚的抹灰层与基层之间及各抹灰层之间必须黏结牢固。

二、一般抹灰工程的验收

一般抹灰工程包括石灰砂浆、水泥砂浆、水泥混合砂浆、聚合物水泥砂浆和麻刀石灰、纸筋石灰、石膏灰等的质量验收。一般抹灰工程分为普通抹灰和高级抹灰，当设计无要求时，按普通抹灰验收。

1. 主控项目

（1）抹灰前基层表面的尘土、污垢、油渍等应清除干净，并应洒水润湿。

检验方法：检查施工记录。

（2）一般抹灰所用材料的品种和性能应符合设计要求。水泥的凝结时间和安定性复验应合格。砂浆的配合比应符合设计要求。

检验方法：检查产品合格证书、进场验收记录、复验报告和施工记录。

材料质量是保证抹灰工程质量的基础，因此，抹灰工程所用材料如水泥、砂、石灰膏、石膏、有机聚合物等应符合设计要求及国家现行产品标准的规定，并应有出厂合格证；材料进场时应进行现场验收，不合格的材料不得用在抹灰工程上，对影响抹灰工程质量与安全的主要材料的某些性能如水泥的凝结时间和安定性进行现场抽样复验。

（3）抹灰工程应分层进行。当抹灰总厚度大于或等于35mm时，应采取加强措施。不同材料基体交接处表面的抹灰，应采取防止开裂的加强措施。当采用加强网时，加强网与各基体的搭接宽度不应小于100mm。

检验方法：检查隐蔽工程验收记录和施工记录。

抹灰厚度过大时，容易产生起鼓、脱落等质量问题；不同材料基体交接处，由于吸水和收缩性不一致，接缝处表面的抹灰层容易开裂，上述情况均应采取加强措施，以切实保证抹灰工程的质量。

（4）抹灰层与基层之间及各抹灰层之间必须粘接牢固，抹灰层应无脱层、空鼓，面层应无爆灰和裂缝。

检验方法：观察，用小锤轻击检查，检查施工记录。

抹灰工程的质量关键是黏结牢固，无开裂、空鼓与脱落如果黏结不牢，出现空鼓、开裂、脱落等缺陷，会降低对墙体保护作用，且影响装饰效果。经调研分析，抹灰层之所以出现开裂、空鼓和脱落等质量问题，主要原因是基体表面清理不干净，如基体表面尘埃及疏松物、脱模剂和油渍等影响抹灰黏结牢固的物质未彻底清除干净；基体表面光滑，抹灰前未作毛化处理；抹灰前基体表面浇水不透，抹灰后砂浆中的水分很快被基体吸收，使砂浆质量不好，使用不当；一次抹灰过厚，干缩率较大等，都会影响抹灰层与基体的黏结牢固。

2. 一般项目

（1）一般抹灰工程的表面质量应符合下列规定：

普通抹灰表面应光滑、洁净、接槎平整，分格缝应清晰；高级抹灰表面应光滑、洁净、颜色均匀、无抹纹，分格缝和灰线应清晰美观。

检验方法：观察，手摸检查。

（2）护角、孔洞、槽、盒周围的抹灰表面应整齐、光滑；管道后面的抹灰表面应平整。

检验方法：观察。

（3）抹灰层的总厚度应符合设计要求；水泥砂浆不得抹在石灰砂浆层上；罩面石膏灰不得抹在水泥砂浆层上。

检验方法：检查施工记录。

（4）抹灰分格缝的设置应符合设计要求，宽度和深度应均匀，表面应光滑，棱角应整齐。

检验方法：观察，尺量检查。

(5) 有排水要求的部位应做滴水线（槽）。滴水线（槽）应整齐顺直，滴水线应内高外低，滴水槽宽度和深度均不应小于 10mm。

检验方法：观察，尺量检查。

(6) 一般抹灰工程质量的允许偏差和检验方法应符合表 4-1 的规定。

表 4-1 一般抹灰的允许偏差和检验方法

项次	项目	允许偏差/mm		检验方法
		普通抹灰	高级抹灰	
1	立面垂直度	4	3	用 2m 垂直检测尺检查
2	表面平整度	4	3	用 2m 靠尺和塞尺检查
3	阴、阳角方正	4	3	用直角检测尺检查
4	分格条(缝)直线度	4	3	拉 5m 线，不足 5m 拉通线，用钢直尺检查
5	墙裙、勒脚上口直线度	4	3	拉 5m 线，不足 5m 拉通线，用钢直尺检查

注：1. 普通抹灰，本表第 3 项阴角方正可不检查；

2. 顶棚抹灰，本表第 2 项表面平整度可不检查，但应平顺。

三、装饰抹灰工程

装饰抹灰工程包括水刷石、斩假石、干粘石、假面砖等。

1. 主控项目

(1) 抹灰前基层表面的尘土、污垢、油渍等应清除干净，并应洒水润湿。

检验方法：检查施工记录。

(2) 装饰抹灰工程所用材料的品种和性能应符合设计要求。水泥的凝结时间和安定性复验应合格。砂浆的配合比应符合设计要求。

检验方法：检查产品合格证书、进场验收记录、复验报告和施工记录。

(3) 抹灰工程应分层进行。当抹灰总厚度大于或等于 35mm 时，应采取加强措施。不同材料基体交接处表面的抹灰，应采取防止开裂的加强措施，当采用加强网时，加强网与各基体的搭接宽度不应小于 100mm。

检验方法：检查隐蔽工程验收记录和施工记录。

(4) 各抹灰层之间及抹灰层与基体之间必须粘接牢固，抹灰层应无脱层、空鼓和裂缝。

检验方法：观察，用小锤轻击检查，检查施工记录。

2. 一般项目

(1) 装饰抹灰工程的表面质量应符合下列规定：

① 水刷石表面应石粒清晰、分布均匀、紧密平整、色泽一致，应无掉粒和接槎痕迹。

② 斩假石表面剁纹应均匀顺直、深浅一致，应无漏剁处；阳角处应横剁并留出宽窄一致的不剁边条，棱角应无损坏。

③ 干粘石表面应色泽一致，不露浆、不漏粘，石粒应粘接牢固、分布均匀，阳角处应无明显黑边。

④ 假面砖表面应平整、沟纹清晰、留缝整齐、色泽一致，应无掉角、脱皮、起砂等缺陷。

检验方法：观察，手摸检查。

(2) 装饰抹灰分格条（缝）的设置应符合设计要求，宽度和深度应均匀，表面应平整光滑，棱角应整齐。

检验方法：观察。

(3) 有排水要求的部位应做滴水线（槽）。滴水线（槽）应整齐顺直，滴水线应内高外低，滴水槽的宽度和深度均不应小于10mm。不同材料基体交接处表面的抹灰，应采取防止开裂的加强措施，当采用加强网时，加强网与各基体的搭接宽度不应小于100mm。

检验方法：观察，尺量检查。

(4) 装饰抹灰工程质量的允许偏差和检验方法应符合表4-2的规定。

表4-2 装饰抹灰工程质量的允许偏差和检验方法

项次	项目	允许偏差/mm				检验方法
		水刷石	斩假石	干粘石	假面砖	
1	立面垂直度	5	4	5	5	用2m靠尺和塞尺检查
2	表面平整度	3	3	5	4	用2m靠尺和塞尺检查
3	阳角方正	3	3	4	4	用直角检测尺检查
4	分格条(缝)直线度	3	3	3	3	用5m线,不足5m拉通线,用钢直尺检查
5	墙裙、勒脚上口直线度	3	3	—	—	用5m线,不足5m拉通线,用钢直尺检查

四、清水砌体勾缝工程

1. 主控项目

(1) 清水砌体勾缝所用水泥的凝结时间和安定性复验应合格。砂浆的配合比应符合设计要求。

检验方法：检查复验报告和施工记录。

(2) 清水砌体勾缝应无漏勾。勾缝材料应粘接牢固、无开裂。

检验方法：观察。

2. 一般项目

(1) 清水砌体勾缝应横平竖直，交接处应平顺，宽度和深度应均匀，表面应压实抹平。

检验方法：观察，尺量检查。

(2) 灰缝应颜色一致，砌体表面应洁净。

检验方法：观察。

第三节 门窗工程

门窗工程包括木门窗制作安装、金属安装、塑料门窗安装、特种门安装、门窗玻璃安装等分项工程的质量验收。

一、一般规定

(1) 门窗工程验收时应检查下列文件和记录：

① 门窗工程的施工图、设计说明及其他设计文件。

② 材料的产品合格证书、性能检测报告、进场验收记录和复验报告。

③ 特种门及其附件的生产许可文件。

④ 隐蔽工程验收记录、施工记录。

(2) 门窗工程应对下列材料及其性能指标进行复验：

① 人造木板的甲醛含量。

② 建筑外墙金属窗、塑料窗的抗风性能、空气渗透性能和雨水渗漏性能。

(3) 门窗工程应对下列隐蔽工程项目进行验收：

① 预埋件和锚固件。

② 隐蔽部位的防腐、填嵌处理。

(4) 各分项工程的检验批应按下列规定划分

① 同一品种、类型和规格的木门窗、金属门窗、塑料门窗及门窗玻璃每100樘应划分为一个检验批，不足100樘也应划分为一个检验批。

② 同一品种、类型和规格的特种门每50樘应划分为一个检验批，不足50樘也应划分为一个检验批。

(5) 检查数量应符合下列规定：

① 木门窗、金属门窗、塑料门窗及门窗玻璃，每个检验批应至少抽查5%，并不得少于3樘，不足3樘时应全数检查；高层建筑的外窗，每个检验批应至少抽查10%，并不得少于6樘，不足6樘时应全数检查。

② 特种门每个检验批应至少抽查50%，并不得少于10樘，不足10樘时应全数检查。

(6) 基本要求：

① 门窗安装前，应对门窗洞口尺寸进行检验。

② 金属门窗和塑料门窗安装应采用预留洞口的方法施工，不得采用边安装边砌口或先安装后砌口的方法施工。

③ 木门窗与砖石砌体、混凝土或抹灰层接触处应进行防腐处理并应设置防潮层；埋入砌体或混凝土中的木砖应进行防腐处理。

④ 当金属窗或塑料窗组合时，其拼樘料的尺寸、规格、壁厚应符合设计要求。

⑤ 建筑外门窗的安装必须牢固。在砌体上安装门窗严禁用射钉固定。

二、木门窗制作与安装工程

1. 主控项目

(1) 木门窗的木材品种、材质等级、规格、尺寸、框扇的线型及人造木板的甲醛含量应符合设计要求。设计未规定材质等级时，所用木材的质量应符合木门窗用木材的质量要求规定。

检验方法：观察，检查材料进场验收记录和复验报告。

(2) 木门窗应采用烘干的木材，含水率应符合要求。

检验方法：检查材料进场验收记录。

(3) 木门窗的防火、防腐、防虫处理应符合设计要求。

检验方法：观察，检查材料进场验收记录。

(4) 木门窗的结合处和安装配件处不得有木节或已填补的木节。木门窗如有允许限值以内的死节及直径较大的虫眼时，应用同一材质的木塞加胶填补。对于清漆制品，木塞的木纹和色泽应与制品一致。

检验方法：观察。

（5）门窗框和厚度大于50mm的门窗扇应用双榫连接。榫槽应采用胶料严密嵌合，并应用胶楔加紧。

检验方法：观察，手扳检查。

（6）胶合板门、纤维板门和模压门不得脱胶。胶合板不得刨透表层单板，不得有戗槎。制作胶合板门、纤维板门时，边框和横楞应在同一平面上，面层、边框及横楞应加压胶结。横楞和上、下冒头应各钻两个以上的透气孔，透气孔应通畅。

检验方法：观察。

（7）木门窗的品种、类型、规格、开启方向、安装位置及连接方式应符合设计要求。

检验方法：观察，尺量检查，检查成品门的产品合格证书。

（8）木门窗框的安装必须牢固。预埋木砖的防腐处理、木门窗框固定点的数量、位置及固定方法应符合设计要求。

检验方法：观察，手扳检查，检查隐蔽工程验收记录和施工记录。

（9）木门窗扇必须安装牢固，并应开关灵活，关闭严密，无倒翘。

检验方法：观察，开启和关闭检查，手扳检查。

（10）木门窗配件的型号、规格、数量应符合设计要求，安装应牢固，位置应正确，功能应满足使用要求。

检验方法：观察，开启和关闭检查，手扳检查。

2. 一般项目

（1）木门窗表面应洁净，不得有刨痕、锤印。

检验方法：观察。

（2）木门窗的割角、拼缝应严密平整。门窗框、扇裁口应顺直，刨面应平整。

检验方法：观察。

（3）木门窗上的槽、孔应边缘整齐，无毛刺。

检验方法：观察。

（4）木门窗与墙体间缝隙的填嵌材料应符合设计要求，填嵌应饱满。寒冷地区外门窗（或门窗框）与砌体间的空隙应填充保温材料。

检验方法：轻敲门窗框检查；检查隐蔽工程验收记录和施工记录。

（5）木门窗批水、盖口条、压缝条、密封条安装应顺直，与门窗结合应牢固、严密。

检验方法：观察，手扳检查。

（6）木门窗制作的允许偏差和检验方法应符合表4-3的规定。

（7）木门窗安装的留缝限值、允许偏差和检验方法应符合表4-4的规定。

三、金属门窗安装工程

1. 主控项目

（1）金属门窗的品种、类型、规格、尺寸、性能、开启方向、安装位置、连接方式及铝合金门窗的型材壁厚应符合设计要求。金属门窗的防腐处理及填嵌、密封处理应符合设计要求。

表 4-3 木门窗制作的允许偏差和检验方法

项次	项目	构件名称	允许偏差/mm		检验方法
			普通	高级	
1	翘曲	框	3	2	将框、扇平放在检查平台上,用塞尺检查
		扇	2	2	
2	对角线长度差	框、扇	3	2	用钢尺检查,框量裁口里角,扇量外角
3	表面平整度	扇	2	2	用1m靠尺和塞尺检查
4	高度、宽度	框	0,−2	0,−1	用钢尺检查,框量裁口里角,扇量外角
		扇	+2,0	+1,0	
5	裁口、线条结合处高低差	框、扇	1	0.5	用钢直尺和塞尺检查
6	相邻棂子两端间距	扇	2	1	用钢直尺检查

表 4-4 木门窗安装的留缝限值、允许偏差和检验方法

项次	项目		留缝限值/mm		允许偏差/mm		检验方法
			普通	高级	普通	高级	
1	门窗槽口对角线长度差		—	—	3	2	用钢尺检查
2	门窗框的下、侧面垂直度		—	—	2	1	用1m垂直检测尺检查
3	框与扇、扇与扇接缝高低差		—	—	2	1	用钢直尺和塞尺检查
4	门窗扇对口缝		1～2.5	1.5～2	—	—	用塞尺检查
5	工业厂房双扇大门对口缝		2～5	—	—	—	
6	门窗扇与上框间留缝		1～2	1～1.5	—	—	
7	门窗扇与侧框间留缝		1～2.5	1～1.5	—	—	
8	窗扇与下框间留缝		2～3	2～2.5	—	—	
9	门扇与下框间留缝		3～5	3～4	—	—	
10	双层门窗内外框间距		—	—	4	3	用钢尺检查
11	无下框时门扇与地面间留缝	外门	4～7	5～6	—	—	用塞尺检查
		内门	5～8	6～7	—	—	
		卫生间门	8～12	8～10	—	—	
		厂房大门	10～20	—	—	—	

检验方法：观察，尺量检查，检查产品合格证书、性能检测报告、进场验收记录和复验报告，检查隐蔽工程验收记录。

(2) 金属门窗框和副框的安装必须牢固。预埋件的数量、位置、埋设方式、与框的连接方式必须符合设计要求。

检验方法：手扳检查，检查隐蔽工程验收记录。

(3) 金属门窗扇必须安装牢固，并应开关灵活、关闭严密，无倒翘。推拉门窗必须有防脱落措施。

检验方法：观察，开启和善意检查，手扳检查。

(4) 推拉门窗扇意外脱落容易造成安全方面的伤害，对高层建筑情况更为严重，故规定推拉门窗扇必须有防脱落措施。

(5) 金属门窗配件的型号、规格、数量应符合设计要求，安装应牢固，位置应正确，功能应满足使用要求。

检验方法：观察，开启和关闭检查，手扳检查。

2. 一般项目

(1) 金属门窗表面应洁净、平整、光滑、色泽一致，无锈蚀。大面应无划痕、碰伤。漆膜或保护层应连续。

检验方法：观察。

(2) 铝合金门窗推拉门窗扇开关力应不大于100N。

检验方法：用弹簧秤检查。

(3) 金属门窗框与墙体之间的缝隙应填嵌饱满，并采用密封胶密封。密封胶表面应光滑、顺直、无裂纹。

检验方法：观察，轻敲门窗框检查，检查隐蔽工程验收记录。

(4) 金属门窗扇的橡胶密封条或毛毡密封条应安装完好，不得脱槽。

检验方法：观察，开启和关闭检查。

(5) 有排水孔的金属门窗，排水孔应畅通，位置和数量应符合设计要求。

检验方法：观察。

(6) 钢门窗安装的留缝限值、允许偏差和检验方法应符合表4-5的规定。

表4-5　钢门窗安装的留缝限值、允许偏差和检验方法

项次	项　目		留缝限值/mm	允许偏差/mm	检验方法
1	门窗槽口宽度、高度	≤1500mm	—	2.5	用钢尺检查
		>1500mm	—	3.5	
2	门窗槽口对角线长度差	≤2000mm	—	5	用钢尺检查
		>2000mm	—	6	
3	门窗框的正、侧面垂直度		—	3	用1m垂直检测尺检查
4	门窗横框的水平度		—	3	用1m水平尺和塞尺检查
5	门窗横框标高		—	5	用钢尺检查
6	门窗竖向偏离中心		—	4	用钢尺检查
7	双层门窗内外框间距		—	5	用钢尺检查
8	门窗框、扇配合间隙		≤2	—	用塞尺检查
9	无下框时门扇与地面间留缝		4～8	—	用塞尺检查

(7) 铝合金门窗安装的允许偏差和检验方法应符合表4-6的规定。

(8) 涂色镀锌钢板门窗安装的允许偏差和检验方法应符合表4-7的规定。

四、塑料门窗安装工程

1. 主控项目

(1) 塑料门窗的品种、类型、规格、尺寸、开启方向、安装位置、连接方式及填嵌密封处理应符合设计要求，内衬增强型钢的壁厚及设置应符合国家现行产品标准的质量要求。

检验方法：观察，尺量检查，检查产品合格证书、性能检测报告、进场验收记录和复验

表 4-6 铝合金门窗安装的允许偏差和检验方法

项次	项目		允许偏差/mm	检验方法
1	门窗槽口宽度、高度	≤1500mm	1.5	用钢尺检查
		>1500mm	2	
2	门窗槽口对角线长度差	≤2000mm	3	用钢尺检查
		>2000mm	4	
3	门窗框的正、侧面垂直度		2.5	用垂直检测尺检查
4	门窗横框的水平度		2	用 1m 水平尺和塞尺检查
5	门窗横框标高		5	用钢尺检查
6	门窗竖向偏离中心		5	用钢尺检查
7	双层门窗内外框间距		4	用钢尺检查
8	推拉门窗扇与框搭接量		1.5	用钢直尺检查

表 4-7 涂色镀锌钢板门窗安装的允许偏差和检验方法

项次	项目		允许偏差/mm	检验方法
1	门窗槽口宽度、高度	≤1500mm	2	用钢尺检查
		>1500mm	3	
2	门窗槽口对角线长度差	≤2000mm	4	用钢尺检查
		>2000mm	5	
3	门窗框的正、侧面垂直度		3	用垂直检测尺检查
4	门窗横框的水平度		3	用 1m 水平尺和塞尺检查
5	门窗横框标高		5	用钢尺检查
6	门窗竖向偏离中心		5	用钢尺检查
7	双层门窗内外框间距		4	用钢尺检查
8	推拉门窗扇与框搭接量		2	用钢直尺检查

报告；检查隐蔽工程验收记录。

（2）塑料门窗框、副框和扇的安装必须牢固。固定片或膨胀螺栓的数量与位置应正确，连接方式应符合设计要求。固定点应距窗角、中横框、中竖框 150～200mm，固定点间距应不大于 600mm。

检验方法：观察，手扳检查，检查隐蔽工程验收记录。

（3）塑料门窗拼樘料内衬增加型钢的规格、壁厚必须符合设计要求，型钢应与型材内腔紧密吻合，其两端必须与洞口固定牢固。窗框必须与拼樘料连接紧密，固定点间距应不大于 600mm。

检验方法：观察，手扳检查，尺量检查，检查进场验收记录。

（4）塑料门窗扇应开关灵活、关闭严密，无倒翘。推拉门窗扇必须有防脱落措施。

检验方法：观察，开启和关闭检查，手扳检查。

（5）塑料门窗配件的型号、规格、数量应符合设计要求，安装应牢固，位置应正确，功能应满足使用要求。

检验方法：观察，手扳检查，尺量检查。

(6) 塑料门窗框与墙体间缝隙应采用闭孔弹性材料填嵌饱满，表面应采用密封胶密封。密封胶应粘接牢固，表面应光滑、顺直、无裂纹。

检验方法：观察，检查隐蔽工程验收记录。

2. 一般项目

(1) 塑料门窗表面应洁净、平整、光滑，大面应无划痕、碰伤。

检验方法：观察。

(2) 塑料门窗扇的密封条不得脱槽。旋转窗间隙应基本均匀。

(3) 塑料门窗扇的开关力应符合下列规定：

① 平开门窗扇平铰链的开关力应不大于80N；滑撑铰链的开关力应不大于80N，并不小于30N。

② 推拉门窗扇的开关力应不大于100N。

检验方法：观察，用弹簧秤检查。

(4) 玻璃密封条与玻璃槽口的接缝应平整，不得卷边、脱槽。

检验方法：观察。

(5) 排水孔应畅通，位置和数量应符合设计要求。

检验方法：观察。

(6) 塑料门窗安装的允许偏差和检验方法应符合表4-8的规定。

表4-8 塑料门窗安装的允许偏差和检验方法

项次	项目		允许偏差/mm	检验方法
1	门窗槽口宽度、高度	≤1500mm	2	用钢尺检查
		>1500mm	3	
2	门窗槽口对角线长度差	≤2000mm	3	用钢尺检查
		>2000mm	5	
3	门窗框的正、侧面垂直度		3	用1m垂直检测尺检查
4	门窗横框的水平度		3	用1m水平尺和塞尺检查
5	门窗横框标高		5	用钢尺检查
6	门窗竖向偏离中心		5	用钢直尺检查
7	双层门窗内外框间距		4	用钢尺检查
8	同樘平开门窗相邻扇高度差		2	用钢尺检查
9	平开门窗铰链部位配合间隙		+2，-1	用塞尺检查
10	推拉门窗扇与框搭接量		+1.5，-2.5	用钢尺检查
11	推拉门窗扇与竖框平等度		2	用1m水平尺和塞尺检查

五、特种门安装工程

特种门包括防火门、防盗门、自动门、全玻门、旋转门、金属卷帘门等。

1. 主控项目

(1) 特种门的质量和各项性能应符合设计要求。

检验方法：检查生产许可证、产品合格证书和性能检测报告。

（2）特种门的品种、类型、规格、尺寸、开启方向、安装位置及防腐处理应符合设计要求。

检验方法：观察，尺量检查，检查进场验收记录和隐蔽工程验收记录。

（3）带有机械装置、自动装置或智能化装置的特种门，其机械装置、自动装置或智能化装置的功能应符合设计要求和有关标准的规定。

检验方法：启动机械装置、自动装置或智能化装置，观察。

（4）特种门的安装必须牢固。预埋件的数量、位置、埋设方式、与框的连接方式必须符合设计要求。

检验方法：观察，手扳检查，检查隐蔽工程验收记录。

（5）特种门的配件应齐全，位置应正确，安装应牢固，功能应满足使用要求和特种门的各项性能要求。

检验方法：观察，手扳检查，检查产品合格证书、性能检测报告和进场验收记录。

2. 一般项目

（1）特种门的表面装饰应符合设计要求。

检验方法：观察。

（2）特种门的表面应洁净，无划痕、碰伤。

检验方法：观察。

（3）推拉自动门安装的留缝限值、允许偏差和检验方法应符合表4-9的规定。

表4-9 推拉自动门安装的留缝限值、允许偏差和检验方法

项次	项目		留缝限值/mm	允许偏差/mm	检验方法
1	门槽口宽度、高度	≤1500mm	—	1.5	用钢尺检查
		＞1500mm	—	2	
2	门槽口对角线长度差	≤2000mm	—	2	用钢尺检查
		＞2000mm	—	2.5	
3	门框的正、侧面垂直度		—	1	用1m垂直检测尺检查
4	门构件装配间隙		—	0.3	用塞尺检查
5	门梁导轨水平度		—	1	用1m水平尺和塞尺检查
6	下导轨与门梁导轨平行度		—	1.5	用钢尺检查
7	门扇与侧框间留缝		1.2～1.8	—	用塞尺检查
8	门扇对口缝		1.2～1.8	—	用塞尺检查

（4）推拉自动门的感应时间限值和检验方法应符合表4-10的规定。

表4-10 推拉自动门的感应时间限值和检验方法

项次	项目	感应时间限值/s	检验方法
1	开门响应时间	≤0.5	用秒表检查
2	堵门保护延时	16～20	用秒表检查
3	门扇全开启后保持时间	13～17	用秒表检查

（5）旋转门安装的允许偏差和检验方法应符合表4-11的规定。

表 4-11　旋转门安装的允许偏差和检验方法

项次	项　目	允许偏差/mm		检验方法
		金属框架玻璃旋转门	木质旋转门	
1	门扇正、侧面垂直度	1.5	1.5	用1m垂直检测尺检查
2	门扇对角线长度差	1.5	1.5	用钢尺检查
3	相邻扇高度差	1	1	用钢尺检查
4	扇与圆弧边留缝	1.5	2	用塞尺检查
5	扇与上顶间留缝	2	2.5	用塞尺检查
6	扇与地面间留缝	2	2.5	用塞尺检查

六、门窗玻璃安装工程

门窗玻璃安装包括平板、吸热、反射、中空、夹层、夹丝、磨砂、钢化、压花玻璃等。

1. 主控项目

(1) 玻璃的品种、规格、尺寸、色彩、图案和涂膜朝向应符合设计要求。单块玻璃大于 $1.5m^2$ 时应使用安全玻璃。

检验方法：观察，检查产品合格证书、性能检测报告和进场验收记录。

(2) 门窗玻璃裁割尺寸应正确。安装后的玻璃应牢固，不得有裂纹、损伤和松动。

检验方法：观察，轻敲检查。

(3) 玻璃的安装方法应符合设计要求。固定玻璃的钉子或钢丝卡的数量、规格应保证玻璃安装牢固。

检验方法：观察，检查施工记录。

(4) 镶钉木压条接触玻璃处，应与裁口边缘平齐。木压条应互相紧密连接，并与裁口边缘紧贴，割角应整齐。

检验方法：观察。

(5) 密封条与玻璃、玻璃槽口的接触应紧密、平整。密封胶与玻璃、玻璃槽口的边缘应黏结牢固、接缝平齐。

检验方法：观察。

(6) 带密封条的玻璃压条，其密封条必须与玻璃全部贴紧，压条与型材之间应无明显缝隙，压条接缝应不大于 0.5mm。

检验方法：观察，尺量检查。

2. 一般项目

(1) 玻璃表面应洁净，不得有腻子、密封胶、涂料等污渍。中空玻璃内外表面均应洁净，玻璃中空层内不得有灰尘和水蒸气。

检验方法：观察。

(2) 门窗玻璃不应直接接触型材。单面镀膜玻璃的镀膜层及磨砂玻璃的磨砂面应朝向室内。中空玻璃的单面镀膜玻璃应在最外层，镀膜层应朝向室内。

检验方法：观察。

(3) 腻子应填抹饱满、黏结牢固；腻子边缘与裁口应平齐。固定玻璃的卡子不应在腻子表面显露。

检验方法：观察。

第四节 吊顶工程

一、一般规定

（1）吊顶工程验收时应检查下列文件和记录：

① 吊顶工程的施工图、设计说明及其他设计文件。

② 材料的产品合格证书、性能检测报告、进场验收记录和复验报告。

③ 隐蔽工程验收记录。

④ 施工记录。

（2）吊顶工程应对人造木板的甲醛含量进行复验。

（3）吊顶工程应对下列隐蔽工程项目进行验收：

① 吊顶内管道、设备的安装及水管试压。

② 木龙骨防火、防腐处理。

③ 预埋件或拉结筋。

④ 吊杆安装。

⑤ 龙骨安装。

⑥ 填充材料的设置。

（4）为了既保证吊顶工程的使用安全，又做到竣工验收时不破坏饰面，吊顶工程的隐蔽工程验收非常重要，上述所列各款均应提供由监理工程师签名的隐蔽工程验收记录。

（5）各分项工程的检验批应按下列规定划分：

同一品种的吊顶工程每 50 间（大面积房间和走廊按吊顶面积 $30m^2$ 为一间）应划分为一个检验批，不足 50 间也应划分为一个检验批。

（6）检查数量应符合下列规定：

每个检验批应至少抽查 10%，并不得少于 3 间；不足 3 间时应全数检查。

（7）安装龙骨前，应按设计要求对房间净高、洞口标高和吊顶内管道、设备及其支架的标高进行交接检验。

（8）吊顶工程的木吊杆、木龙骨和木饰面板必须进行防火处理，并应符合有关设计防火规范的规定。

（9）吊顶工程中的预埋件、钢筋吊杆和型钢吊杆应进行防锈处理。

（10）安装饰面板前应完成吊顶内管道和设备的调试及验收。

（11）吊杆距主龙骨端部距离不得大于 300mm，当大于 300mm 时，应增加吊杆。当吊杆长度大于 1.5m 时，应设置反支撑。当吊杆与设备相遇时，应调整并增设吊杆。

（12）重型灯具、电扇及其他重型设备严禁安装在吊顶工程的龙骨上。

二、暗龙骨吊顶工程

1. 主控项目

（1）吊顶标高、尺寸、起拱和造型应符合设计要求。

检验方法：观察，尺量检查。

(2) 饰面材料的材质、品种、规格、图案和颜色应符合设计要求。

检验方法：观察，检查产品合格证书、性能检测报告、进场验收记录和复验报告。

(3) 暗龙骨吊顶工程的吊杆、龙骨和饰面材料的安装必须牢固。

检验方法：观察，手扳检查，检查隐蔽工程验收记录和施工记录。

(4) 吊杆、龙骨的材质、规格、安装间距及连接方式应符合设计要求。金属吊杆、龙骨应经过表面防腐处理；木吊杆、龙骨应进行防腐、防火处理。

检验方法：观察，尺量检查，检查产品合格证书、性能检测报告、进场验收记录和隐蔽工程验收记录。

(5) 石膏板的接缝应按其施工工艺标准进行板缝防裂处理。安装双层石膏板时，面层板与基层板的接缝应错开，并不得在同一根龙骨上接缝。

检验方法：观察。

2. 一般项目

(1) 饰面材料表面应洁净、色泽一致，不得有翘曲、裂缝及缺损。压条应平直、宽窄一致。

检验方法：观察，尺量检查。

(2) 饰面板上的灯具、烟感器、喷淋头、风口篦子等设备的位置应合理、美观，与饰面板的交接应吻合、严密。

检验方法：观察。

(3) 金属吊杆、龙平的接缝应均匀一致，角缝应吻合，表面应平整，无翘曲、锤印。木质吊杆、龙平应顺直，无劈裂、变形。

检验方法：检查隐蔽工程验收记录和施工记录。

(4) 吊顶内填充吸声材料的品种和铺设厚度应符合设计要求，并应有防散落措施。

检验方法：检查隐蔽工程验收记录和施工记录。

(5) 暗龙骨吊顶工程安装的允许偏差和检验方法应符合表 4-12 的规定。

表 4-12 暗龙骨吊顶工程安装的允许偏差和检验方法

项次	项目	允许偏差/mm				检验方法
		纸面石膏板	金属板	矿棉板	木板、塑料板、格栅	
1	表面平整度	3	2	2	3	用 2m 靠尺和塞尺检查
2	接缝直线度	3	1.5	3	3	拉 5m 线，不足 5m 拉通线，用钢直尺检查
3	接缝高低差	1	1	1.5	1	用钢直尺和塞尺检查

三、明龙骨吊顶工程

1. 主控项目

(1) 吊顶标高、尺寸、起拱和造型应符合设计要求。

检验方法：观察，尺量检查。

(2) 饰面材料的材质、品种、规格、图案和颜色应符合设计要求。当饰面材料为玻璃板时，应使用安全玻璃或采取可靠的安全措施。

检验方法：观察，检查产品合格证书、性能检测报告和进场验收记录。

(3) 饰面材料的安装应稳固严密。饰面材料与龙骨的搭接宽度应大于龙骨受力面宽度的三分之二。

检验方法：观察，手扳检查，尺量检查。

(4) 吊杆、龙骨的材质、规格、安装间距及连接方式应符合设计要求。金属吊杆、龙骨应进行表面防腐处理；木龙骨应进行防腐、防火处理。

检验方法：观察，尺量检查，检查产品合格证书、进场验收记录和隐蔽工程验收记录。

(5) 明龙骨吊顶工程的吊杆和龙骨安装必须牢固。

检验方法：手扳检查；检查隐蔽工程验收记录和施工记录。

2. 一般项目

(1) 饰面材料表面应洁净、色泽一致，不得有翘曲、裂缝及缺损。饰面板与明龙骨的搭接应平整、吻合，压条应平直、宽窄一致。

检验方法：观察，尺量检查。

(2) 饰面板上的灯具、烟感器、喷淋头、风口篦子等设备的位置应合理、美观，与饰面板的交接应吻合、严密。

检验方法：观察。

(3) 金属龙骨的接缝应平整、吻合、颜色一致，不得有划伤、擦伤等表面缺陷。木质龙骨应平整、顺直，无劈裂。

检验方法：观察。

(4) 吊顶内填充吸声材料的品种和铺设厚度应符合设计要求，并应有防散落措施。

检验方法：检查隐蔽工程验收记录和施工记录。

(5) 明龙骨吊顶工程安装的允许偏差和检验方法应符合表 4-13 的规定。

表 4-13 明龙骨吊顶工程安装的允许偏差和检验方法

项次	项目	允许偏差/mm				检验方法
		石膏板	金属板	矿棉板	塑料板、玻璃板	
1	表面平整度	3	2	3	3	用 2m 靠尺和塞尺检查
2	接缝直线度	3	2	3	3	拉 5m 线，不足 5m 拉通线，用钢直尺检查
3	接缝高低差	1	1	2	1	用钢直尺和塞尺检查

第五节 饰面工程

饰面工程包括饰面板安装、饰面砖粘贴等分项工程的质量验收。

一、一般规定

(1) 饰面板（砖）工程验收时应检查下列文件和记录：

① 饰面板（砖）工程的施工图、设计说明及其他设计文件。

② 材料的产品合格证书、性能检测报告、进场验收记录和复验报告。

③ 后置埋件的现场拉拔检测报告。

④ 外墙饰面砖样板件的粘接强度检测报告。

⑤ 隐蔽工程验收记录。

⑥ 施工记录。

(2) 饰面板（砖）工程应对下列材料及其性能指标进行复验：

① 室内用花岗石的放射性。

② 粘贴用水泥的凝结时间、安定性和抗压强度。

③ 外墙陶瓷面砖的吸水率。

④ 寒冷地区外墙陶瓷面砖的抗冻性。

(3) 饰面板（砖）工程应对下列隐蔽工程项目进行验收：

① 预埋件（或后置埋件）。

② 连接节点。

③ 防水层。

(4) 各分项工程的检验批应按下列规定划分：

① 相同材料、工艺和施工条件的室内饰面板（砖）工程每50间（大面积房间和走廊按施工面积30m^2为一间）应划分为一个检验批，不足50间也应划分为一个检验批。

② 相同材料、工艺和施工条件的室外饰面板（砖）工程每500～1000m^2应划分为一个检验批，不足500m^2也应划分为一个检验批。

(5) 检查数量应符合下列规定：

① 室内每个检验批应至少抽查10%，并不得少于3间；不足3间时应全数检查。

② 室外每个检验批每100m^2应至少抽查一处，每处不得小于10m^2。

(6) 外墙饰面粘贴前和施工过程中，均应在相同基层上做样板件，并对样板件的饰面砖粘接强度进行检验，其检验方法和结果判定应符合《建筑工程饰面砖粘结强度检验标准》(JGJ 110—2008) 的规定。

(7) 饰面板（砖）工程的抗震缝、伸缩缝、沉降缝等部位的处理应保证缝的使用功能和饰面的完整性。

二、饰面板安装工程质量验收

1. 主控项目

(1) 饰面板的品种、规格、颜色和性能应符合设计要求，木龙骨、木饰面板和塑料饰面板的燃烧性能等级应符合设计要求。

检验方法：观察，检查产品合格证书、进场验收记录和性能检测报告。

(2) 饰面板孔、槽的数量、位置和尺寸应符合设计要求。

检验方法：检查进场验收记录和施工记录。

(3) 饰面板安装工程的预埋件（或后置埋件）、连接件的数量、规格、位置、连接方法和防腐处理必须符合设计要求。后置埋件的现场拉拔强度必须符合设计要求。饰面板安装必须牢固。

检验方法：手扳检查，检查进场验收记录、现场拉拔检测报告、隐蔽工程验收记录和施工记录。

2．一般项目

(1) 饰面板表面应平整、洁净、色泽一致，无裂痕和缺损。石材表面应无泛碱等污染。

检验方法：观察。

(2) 饰面板嵌缝应密实、平直，宽度和深度应符合设计要求，嵌填材料色泽应一致。

检验方法：观察，尺量检查。

(3) 采用湿作业法施工的饰面板工程，石材应进行了碱背涂处理。饰面板与基体之间的灌注材料应饱满、密实。

检验方法：用小锤轻击检查，检查施工记录。

(4) 饰面板上的孔洞应套割吻合，边缘应整齐。

检验方法：观察。

(5) 饰面板安装的允许偏差和检验方法应符合表 4-14 的规定。

表 4-14 饰面板安装的允许偏差和检验方法

项次	项目	允许偏差/mm							检验方法
		石材			瓷板	木材	塑料	金属	
		光面	剁斧石	蘑菇石					
1	立面垂直度	2	3	3	2	1.5	2	2	用 2m 垂直检测尺检查
2	表面平整度	2	3	—	1.5	1	3	3	用 2m 靠尺和塞尺检查
3	阴阳角方正	2	4	4	2	1.5	3	3	用直角检测尺检查
4	接缝直线度	2	4	4	2	1	1	1	拉 5m 线，不足 5m 拉通线，用钢直尺检查
5	墙裙、勒脚上口直线度	2	3	3	2	2	2	2	拉 5m 线，不足 5m 拉通线，用钢直尺检查
6	接缝高低差	0.5	3	—	0.5	0.5	1	1	用钢直尺和塞尺检查
7	接缝宽度	1	2	2	1	1	1	1	用钢直尺检查

三、饰面砖粘贴工程质量验收

1．主控项目

(1) 饰面砖的品种、规格、图案颜色和性能应符合设计要求。

检验方法：观察，检查产品合格证书、进场验收记录、性能检测报告和复验报告。

(2) 饰面砖粘贴工程的找平、防水、粘接和勾缝材料及施工方法应符合设计要求及国家现行产品标准和工程技术标准的相关规定。

检验方法：检查产品合格证书、复验报告和隐蔽工程验收记录。

(3) 饰面砖粘贴必须牢固。

检验方法：检查样板件粘接强度检测报告和施工记录。

(4) 满粘法施工的饰面砖工程应无空鼓、裂缝。

检验方法：观察，用小锤轻击检查。

2．一般项目

(1) 饰面砖表面应平整、洁净、色泽一致，无裂痕和缺损。

检验方法：观察。

(2) 阴阳角处搭接方式、非整砖使用部位应符合设计要求。

检验方法：观察。

(3) 墙面突出物周围的饰面砖应整砖套割吻合，边缘应整齐。墙裙、贴脸突出墙面的厚度应一致。

检验方法：观察，尺量检查。

(4) 饰面砖接缝应平直、光滑，填嵌应连续、密实；宽度和深度应符合设计要求。

检验方法：观察，尺量检查。

(5) 有排水要求的部位应做滴水线（槽）。滴水线（槽）应顺直，流水坡向应正确，坡度应符合设计要求。

检验方法：观察，用水平尺检查。

(6) 饰面砖粘贴的允许偏差和检验方法应符合表 4-15 的规定。

表 4-15　饰面砖粘贴的允许偏差和检验方法

项次	项目	允许偏差/mm		检验方法
		外墙面砖	风墙面砖	
1	立面垂直度	3	2	用 2m 垂直检测尺检查
2	表面平整度	4	3	用 2m 靠尺和塞尺检查
3	阴阳角方正	3	3	用直角检测尺检查
4	接缝干线度	3	2	拉 5m 线，不足 5m 拉通线，用钢直尺检查
5	接缝高低差	1	0.5	用钢直尺和塞尺检查
6	接缝宽度	1	1	用钢直尺检查

第六节　幕墙工程

本节包括玻璃幕墙、金属幕墙、石材幕墙等分项工程的质量验收。

一、一般规定

(1) 幕墙工程验收时应检查下列文件和记录：

① 幕墙工程的施工图、结构计算书、设计说明及其他设计文件。

② 建筑设计单位对幕墙工程设计的确认文件。

③ 幕墙工程所用各种材料、五金配件、构件及组件的产品合格证书、性能检测报告、进场验收记录和复验报告。

④ 幕墙工程所用硅酮结构胶的认定证书和抽查合格证明；进口硅酮结构胶的商检证；国家指定检测机构出具的硅酮结构胶相容性和剥离粘接性试验报告；石材用密封胶的耐污染性试验报告。

⑤ 后置埋件的现场拉拔强度检测报告。

⑥ 幕墙的抗风压性能、空气渗透性能、雨水渗漏性能及平面变形性能检测报告。

⑦ 打胶、养护环境的温度、湿度记录；双组分硅酮结构胶的混匀性试验记录及拉断试验记录。

⑧ 防雷装置测试记录。

⑨ 隐蔽工程验收记录。

⑩ 幕墙构件和组件的加工制作记录；幕墙安装施工记录。

(2) 幕墙工程应对下列材料及其性能指标进行复验：

① 铝塑复合板的剥离强度。

② 石材的弯曲度；寒冷地区石材的耐冻融性；室内用花岗石的放射性。

③ 玻璃幕墙用结构胶的邵氏硬度、标准条件拉伸粘接强度、相容性试验；石材用结构胶的粘接强度；石材用密封胶的污染性。

(3) 幕墙工程应对下列隐蔽工程项目进行验收：

① 预埋件（或后置埋件)。

② 构件的连接节点。

③ 变形缝及墙面转角处的构造节点。

④ 幕墙防雷装置。

⑤ 幕墙防火构造。

(4) 各分项工程的检验批应按下列规定划分：

① 相同设计、材料、工艺和施工条件的幕墙工程每 500～1000m^2 应划分为一个检验批，不足500m^2 也应划分为一个检验批。

② 同一单位工程的不连续的幕墙工程应单独划分检验批。

③ 对于异形或有特殊要求的幕墙，检验批的划分应根据幕墙的结构、工艺特点及幕墙工程规模，由监理单位（或建设单位）和施工单位协商确定。

(5) 检查数量应符合下列规定：

① 每个检验批每 100m^2 应至少抽查一处，每处不得小于 10m^2。

② 对于异形或有特殊要求的幕墙工程，应根据幕墙的结构和工艺特点，由监理单位（或建设单位）和施工单位协商确定。

(6) 其他。

① 幕墙及其连接件应具有足够的承载力、刚度和相对于主体结构的位移能力。幕墙构架立柱的连接金属角码与其他连接件应采用螺栓连接，并应有防松动措施。

② 隐框、半隐框幕墙所采用的结构粘接材料必须是中性硅酮结构密封胶，其性能必须符合《建筑用硅酮结构密封胶》(GB 16776—2005）的规定，硅酮结构密封胶必须在有效期内使用。

幕墙工程使用的硅酮结构密封胶，应选用法定检测机构检测合格的产品，在使用前必须对幕墙工程选用的铝合金型材、玻璃、双面胶带、硅酮耐候密封胶、塑料泡沫棒等与硅酮结构密封胶接触的材料做相容性试验和粘接剥离性试验，试验合格后才能进行打胶。

③ 立柱和横梁等主要受力构件，其截面受力部分的壁厚应经计算确定，且铝合金型材壁厚不应小于 3.0mm，钢型材壁厚不应小于 3.5mm。

④ 隐框、半隐框幕墙构件中板材与金属框之间硅酮结构密封胶的粘接宽度，应分别计算风荷载标准值和板材自重标准值作用下硅酮结构密封胶的粘接宽度，并取其较大值，且不得小于 7.0mm。

⑤ 硅酮结构密封胶应打注饱满，并应在温度 15～30℃、相对湿度 50%以上、洁净的室内进行；不得在现场墙上打注。

⑥ 幕墙的防火除应符合现行国家标准《建筑设计防火规范》(GB 50016—2014) 的有关规定外，还应符合下列规定：

a. 应根据防火材料的耐火极限决定防火层的厚度和宽度，并应在楼板处形成防火带。

b. 防火层应采取隔离措施。防火层的衬板应采用经防腐处理且厚度不小于 1.5mm 的钢板，不得采用铝板。

c. 防火层的密封材料应采用防火密封胶。

d. 防火层与玻璃不应直接接触，一块玻璃不应跨两个防火分区。

⑦ 主体结构与幕墙连接的各种预埋件，其数量、规格、位置和防腐处理必须符合设计要求。

⑧ 幕墙的金属框架与主体结构预埋件的连接、立柱与横梁的连接及幕墙面板的安装必须符合设计要求，安装必须牢固。

⑨ 单元幕墙连接处和吊挂处的铝合金型材的壁厚应通过计算确定，并且不得小于 5.0mm。

⑩ 幕墙的金属框架与主体结构应通过预埋件连接，预埋件应在主体结构混凝土施工时埋入，预埋件的位置应准确。当没有条件采用预埋件连接时，应采用其他可靠的连接措施，并应通过试验确定其承载力。

⑪ 主柱应采用螺栓与角码连接，螺栓直径应经过计算，并不应小于 10mm。不同金属材料接触时应采用绝缘垫片分隔。

⑫ 幕墙的抗震缝、伸缩缝、沉降缝等部位的处理应保证缝的使用功能和饰面的完整性。

⑬ 幕墙工程的设计应满足维护和清洁的要求。

二、玻璃幕墙工程

本部分内容适用于建筑高度不大于 150m、抗震设防烈度不大于 8 度的隐框玻璃幕墙、半隐框玻璃幕墙、明框玻璃幕墙、全玻璃幕墙及点支承玻璃幕墙工程的质量验收。

1. 主控项目

(1) 玻璃幕墙工程所使用的各种材料、构件和组件的质量，应符合设计要求及国家现行产品标准和工程技术规范的规定。

检验方法：检查材料、构件、组件的产品合格证书、进场验收记录、性能检测报告和材料的复验报告。

(2) 玻璃幕墙的造型和立面分格应符合设计要求。

检验方法：观察，尺量检查。

(3) 玻璃幕墙使用的玻璃应符合下列规定：

① 幕墙应使用安全玻璃，玻璃的品种、规格、颜色、光学性能及安装方向应符合设计要求。

② 幕墙玻璃的厚度不应小于 6.0mm。全玻璃幕墙肋玻璃的厚度不应小于 12mm。

③ 幕墙的中空玻璃应采用双道密封。明框幕墙的中空玻璃应采用聚硫密封胶及丁基密封胶；隐框和半隐框幕墙的中空玻璃应采用硅酮结构密封胶及丁基密封胶；镀膜面应在中空玻璃的第二或第三面上。

④ 幕墙的夹层玻璃应采用聚乙烯醇缩丁醛 (PVB) 胶片干法加工夹层玻璃。点支承玻

璃幕墙夹层胶片（PVB）厚度不应小于0.76mm。

⑤ 钢化玻璃表面不得有损伤；8.0mm以下的钢化玻璃应进行引爆处理。

⑥ 所有幕墙玻璃均应进行边缘处理。

检验方法：观察，尺量检查，检查施工记录。

（4）玻璃幕墙与主体结构连接的各种预埋件、连接件、紧固件必须安装牢固，其数量、规格、位置、连接方法和防腐处理应符合设计要求。

检验方法：观察，检查隐蔽工程验收记录和施工记录。

（5）各种连接件、紧固件的螺栓应有防松动措施；焊接连接应符合设计要求和焊接规范的规定。

检验方法：观察，检查隐蔽工程验收记录和施工记录。

（6）隐框或半隐框玻璃幕墙，每块玻璃下端应设置两个铝合金或不锈钢托条，其长度不应小于100mm，厚度不应小于2mm，托条外端应低于玻璃外表面2mm。

检验方法：观察，检查施工记录。

（7）明框玻璃幕墙的玻璃安装应符合下列规定：

① 玻璃槽口与玻璃的配合尺寸应符合设计要求和技术标准的规定。

② 玻璃与构件不得直接接触，玻璃四周与构件凹槽底部应保持一定的空隙，每块玻璃下部应至少放置两块宽度与槽口宽度相同、长度不小于100mm的弹性定位垫块；玻璃两边嵌入量及空隙应符合设计要求。

③ 玻璃四周橡胶条的材质、型号应符合设计要求，镶嵌应平整，橡胶条长度应比边框内槽长1.5%～2.0%，橡胶条在转角处应斜面断开，并应用黏结剂粘接牢固后嵌入槽内。

检验方法：观察，检查施工记录。

（8）高度超过4m的全玻璃幕墙应吊挂在主体结构上，吊夹具应符合设计要求，玻璃与玻璃，玻璃与玻璃肋之间的缝隙，应采用硅酮结构密封胶填嵌严密。

检验方法：观察，检查隐蔽工程验收记录和施工记录。

（9）点支承玻璃幕墙应采用带万向头的活动不锈钢爪，其钢爪间的中心距离应大于250mm。

检验方法：观察，尺量检查。

（10）玻璃幕墙四周、玻璃幕墙内表面与主体结构之间的连接节点、各种变形缝、墙角的连接节点应符合设计要求和技术标准的规定。

检验方法：观察，检查隐蔽工程验收记录和施工记录。

（11）玻璃幕墙应无渗漏。

检验方法：在易渗漏部位进行淋水检查。

（12）玻璃幕墙结构胶和密封胶的打注应饱满、密实、连续、均匀、无气泡，宽度和厚度应符合设计要求和技术标准的规定。

检验方法：观察，尺量检查，检查施工记录。

（13）玻璃幕墙开启窗的配件应齐全，安装应牢固，安装位置和开启方向、角度应正确；开启应灵活，关闭应严密。

检验方法：观察，手扳检查，开启和关闭检查。

（14）玻璃幕墙的防雷装置必须与主体结构的防雷装置可靠连接。

检验方法：观察，检查隐蔽工程验收记录和施工记录。

2. 一般项目

(1) 玻璃幕墙表面应平整、洁净；整幅玻璃的色泽应均匀一致；不得有污染和镀膜损坏。

检验方法：观察。

(2) 每平方米玻璃的表面质量和检验方法应符合表 4-16 的规定。

表 4-16　每平方米玻璃的表面质量和检验方法

项次	项　目	质量要求	检验方法
1	明显划伤和长度<100mm 的轻微划伤	不允许	观察
2	长度≤100mm 的轻微划伤	≤8 条	用钢尺检查
3	擦伤总面积	≤500mm^2	用钢尺检查

(3) 一个分格铝合金型材的表面质量和检验方法应符合表 4-17 的规定。

表 4-17　一个分格铝合金型材的表面质量和检验方法

项次	项　目	质量要求	检验方法
1	明显划伤和长度<100mm 的轻微划伤	不允许	观察
2	长度≤100mm 的轻微划伤	≤2 条	用钢尺检查
3	擦伤总面积	≤500mm^2	用钢尺检查

(4) 明框玻璃幕墙的外露框或压条应横平竖直，颜色、规格应符合设计要求，压条安装应牢固。单元玻璃幕墙的单元拼缝或隐框玻璃幕墙的分格玻璃拼缝应横平竖直、均匀一致。

检验方法：观察，手扳检查，检查进场验收记录。

(5) 玻璃幕墙的密封胶缝应横平竖直、深浅一致、宽窄均匀、光滑顺直。

检验方法：观察，手摸检查。

(6) 防火、保温材料填充应饱满、均匀，表面应密实、平整。

检验方法：检查隐蔽工程验收记录。

(7) 玻璃幕墙隐蔽节点的遮封装修应牢固、整齐、美观。

检验方法：观察，手扳检查。

(8) 明框玻璃幕墙安装的允许偏差和检验方法应符合表 4-18 的规定。

表 4-18　明框玻璃幕墙安装的允许偏差和检验方法

项次	项　目		允许偏差/mm	检验方法
1	幕墙垂直度	幕墙高度≤30m	10	用经纬仪检查
		30m<幕墙高度≤60m	15	
		60m<幕墙高度≤90m	20	
		幕墙高度>90m	25	
2	幕墙水平度	幕墙幅宽≤35m	5	用水平仪检查
		幕墙幅宽>35m	7	
3	构件直线度		2	用 2m 靠尺和塞尺检查

续表

项次	项目		允许偏差/mm	检验方法
4	构件水平度	构件长度≤2m	2	用水平仪检查
		构件长度>2m	3	
5	相邻构件错位		1	用钢直尺检查
6	分格框对角线长度差	对角线长度≤2m	3	用钢尺检查
		对角线长度>2m	4	

(9) 隐框、半隐框玻璃幕墙安装的允许偏差和检验方法应符合表 4-19 的规定。

表 4-19 隐框、半隐框玻璃幕墙安装的允许偏差和检验方法

项次	项目		允许偏差/mm	检验方法
1	幕墙垂直度	幕墙高度≤30m	10	用经纬仪检查
		30m<幕墙高度≤60m	15	
		60m<幕墙高度≤90m	20	
		幕墙高度>90m	25	
2	幕墙水平度	层高≤3m	3	用水平仪检查
		层高>3m	5	
3	幕墙表面平整度		2	用 2m 靠尺和塞尺检查
4	板材立面垂直度		2	用垂直检测尺检查
5	板材上沿水平度		2	用 1m 水平尺和钢直尺检查
6	相邻板材板角错位		1	用钢直尺检查
7	阳角方正		2	用直角检测尺检查
8	接缝直线度		3	拉 5m 线,不足 5m 拉通线,用钢直尺检查
9	接缝高低差		1	用钢直尺和塞尺检查
10	接缝宽度		1	用钢直尺检查

三、金属幕墙工程

本部分内容适用于建筑高度不大于 150m 的金属幕墙工程的质量验收。

1. 主控项目

(1) 金属幕墙工程所使用的各种材料和配件，应符合设计要求及国家现行产品标准和工程技术规范的规定。

检验方法：检查产品合格证书、性能检测报告、材料进场验收记录和复验报告。

(2) 金属幕墙的造型和立面分格应符合设计要求。

检验方法：观察，尺量检查。

(3) 金属面板的品种、规格、颜色、光泽及安装方向应符合设计要求。

检验方法：观察，检查进场验收记录。

(4) 金属幕墙主体结构上的预埋件、后置埋件的数量、位置及后置埋件的拉拔力必须符合设计要求。

检验方法：检查拉拔力检测报告和隐蔽工程验收记录。

(5) 金属幕墙的金属框架立柱与主体结构预埋件的连接、立柱与横梁的连接、金属面板的安装必须符合设计要求，安装必须牢固。

检验方法：手扳检查，检查隐蔽工程验收记录。

(6) 金属幕墙的防火、保温、防潮材料的设置应符合设计要求，并应密实、均匀、厚度一致。

检验方法：检查隐蔽工程验收记录。

(7) 金属框架及连接件的防腐处理应符合设计要求。

检验方法：检查隐蔽工程验收记录和施工记录。

(8) 金属幕墙的防雷装置必须与主体结构的防雷装置可靠连接。

检验方法：检查隐蔽工程验收记录。

(9) 各种变形缝、墙角的连接节点应符合设计要求和技术标准的规定。

检验方法：观察，检查隐蔽工程验收记录。

(10) 金属幕墙的板缝注胶应饱满、密实、连续、均匀、无气泡，宽度和厚度应符合设计要求和技术标准的规定。

检验方法：观察，尺量检查，检查施工记录。

(11) 金属幕墙应无渗漏。

检验方法：在易渗漏部位进行淋水检查。

2. 一般项目

(1) 金属板表面应平整、洁净、色泽一致。

检验方法：观察。

(2) 金属幕墙的压条应平直、洁净、接口严密、安装牢固。

检验方法：观察，手扳检查。

(3) 金属幕墙的密封胶缝应横平竖直、深浅一致、宽窄均匀、光滑顺直。

检验方法：观察。

(4) 金属幕墙上的滴水线、流水坡向应正确、顺直。

检验方法：观察，用水平尺检查。

(5) 每平方米金属板的表面质量和检验方法应符合表 4-20 的规定。

表 4-20 每平方米金属板的表面质量和检验方法

项次	项　目	质量要求	检验方法
1	明显划伤和长度＞100mm 的轻微划伤	不允许	观察
2	长度≤100mm 的轻微划伤	≤8 条	用钢尺检查
3	擦伤总面积	≤500mm^2	用钢尺检查

(6) 金属幕墙安装的允许偏差和检验方法应符合表 4-21 的规定。

表 4-21 金属幕墙安装的允许偏差和检验方法

项次	项目		允许偏差/mm	检验方法
1	幕墙垂直度	幕墙高度≤30m	10	用经纬仪检查
		30m<幕墙高度≤60m	15	
		60m<幕墙高度≤90m	20	
		幕墙高度>90m	25	
2	幕墙水平度	层高≤3m	3	用水平仪检查
		层高>3m	5	
3	幕墙表面平整度		2	用 2m 靠尺和塞尺检查
4	板材立面垂直度		3	用垂直检测尺检查
5	板材上沿水平度		2	用 1m 水平尺和钢直尺检查
6	相邻板材板角错位		1	用钢直尺检查
7	阳角方正		2	用直角检测尺检查
8	接缝直线度		3	拉 5m 线，不足 5m 拉通线，用钢直尺检查
9	接缝高低差		1	用钢直尺和塞尺检查
10	接缝宽度		1	用钢直尺检查

四、石材幕墙工程

本部分内容适用于建筑高度不大于 100m、抗震设防烈度不大于 8 度的石材幕墙工程的质量验收。

1. 主控项目

(1) 石材幕墙工程所用材料的品种、规格、性能等级，应符合设计要求及国家现行产品标准和工程技术规范的规定。石材的弯曲强度不应小于 8.0MPa；吸水率应小于 0.8%。石材幕墙的铝合金挂件厚度不应小于 4.0mm，不锈钢挂件厚度不应小于 3.0mm。

检验方法：观察，尺量检查，检查产品合格证书、性能检测报告、材料进场验收记录和复验报告。

(2) 石材幕墙的造型、立面分格、颜色、光泽、花纹和图案应符合设计要求。

检验方法：观察。

(3) 石材孔、槽的数量、深度、位置、尺寸应符合设计要求。

检验方法：检查进场验收记录或施工记录。

(4) 石材幕墙主体结构上的预埋件和后置埋件的位置、数量及后置埋件的拉拔力必须符合设计要求。

检验方法：检查拉拔力检测报告和隐蔽工程验收记录。

(5) 石材幕墙的金属框架立柱与主体结构预埋件的连接、立柱与横梁的连接、连接件与金属框架的连接、连接件与石材面板的连接必须符合设计要求，安装必须牢固。

检验方法：手扳检查，检查隐蔽工程验收记录。

(6) 金属框架的连接件和防腐处理应符合设计要求。

检验方法：检查隐蔽工程验收记录。

(7) 石材幕墙的防雷装置必须与主体结构防雷装置可靠连接。

检验方法：观察，检查隐蔽工程验收记录和施工记录。

(8) 石材幕墙的防火、保温、防潮材料的设置应符合设计要求，填充应密实、均匀、厚度一致。

检验方法：检查隐蔽工程验收记录。

(9) 各种结构变形缝、墙角的连接节点应符合设计要求和技术标准的规定。

检验方法：检查隐蔽工程验收记录和施工记录。

(10) 石材表面和板缝的处理应符合设计要求。

检验方法：观察。

(11) 石材幕墙的板缝注胶应饱满、密实、连续、均匀、无气泡，板缝宽度和厚度应符合设计要求和技术标准的规定。

检验方法：观察，尺量检查，检查施工记录。

(12) 石材幕墙应无渗漏。

检验方法：在易渗漏部位进行淋水检查。

2. 一般项目

(1) 石材幕墙表面应平整、洁净，无污染、缺损和裂痕。颜色和花纹应协调一致，无明显色差，无明显修痕。

检验方法：观察。

(2) 石材幕墙的压条应平直、洁净、接口严密、安装牢固。

检验方法：观察，手扳检查。

(3) 石材接缝应横平竖直、宽窄均匀；阴阳角石板压向应正确，板边合缝应顺直；凸凹线出墙厚度应一致，上下口应平直；石材面板上洞口、槽边应套割吻合，边缘应整齐。

检验方法：观察，尺量检查。

(4) 石材幕墙的密封胶缝应横平竖直、深浅一致、宽窄均匀、光滑顺直。

检验方法：观察。

(5) 石材幕墙上的滴水线、流水坡向应正确、顺直。

检验方法：观察，用水平尺检查。

(6) 每平方米石材的表面质量和检验方法应符合表 4-22 的规定。

表 4-22 每平方米石材的表面质量和检验方法

项次	项 目	质量要求	检验方法
1	明显划伤和长度＞100mm 的轻微划伤	不允许	观察
2	长度≤100mm 的轻微划伤	≤8 条	用钢尺检查
3	擦伤总面积	≤500mm^2	用钢尺检查

(7) 石材幕墙安装的允许偏差和检验方法应符合表 4-23 的规定。

表 4-23 石材幕墙安装的允许偏差和检验方法

项次	项 目		允许偏差/mm		检验方法
			光面	麻面	
1	幕墙垂直度	幕墙高度≤30m	10		用经纬仪检查
		30m＜幕墙高度≤60m	15		
		60m＜幕墙高度≤90m	20		
		幕墙高度＞90m	25		

续表

项次	项　目	允许偏差/mm		检验方法
		光面	麻面	
2	幕墙水平度	3		用水平仪检查
3	板材立面垂直度	3		用水平仪检查
4	板材上沿水平度	2		用1m水平尺和钢直尺检查
5	相邻板材板角错位	1		用钢直尺检查
6	阳角方正	2	3	用垂直检测尺检查
7	接缝直线度	2	4	用直角检测尺检查
8	接缝高低差	3	4	拉5m线,不足5m拉通线,用钢直尺检查
9	接缝宽度	1	—	用钢直尺和塞尺检查
10	板材立面垂直度	1	2	用钢直尺检查

能力训练题

简答题

1. 建筑装饰装修工程施工质量的一般要求有哪些?
2. 抹灰工程施工质量验收的验收内容有哪些?
3. 抹灰工程施工质量验收的一般规定有哪些?
4. 一般抹灰工程应如何进行质量验收?
5. 装饰抹灰工程应如何进行质量验收?
6. 金属门窗安装工程应如何进行质量验收?
7. 暗龙骨吊顶工程应如何进行质量验收?
8. 玻璃幕墙工程应如何进行质量验收?

第五章

建筑屋面工程施工质量验收

了解屋面防水工程的基本要求。
能够学会防水屋面的验收要求。

案例导读

本工程位于某市××区民治街道路南，该工程由某市××区办事处兴建，由某市城建工程有限公司施工。建筑面积为 12732.10m^2，为框架结构，屋面防水等级Ⅱ级，防水耐用年限为 15 年，防水层次为二道设防，即一道柔性防水卷材再加一道防水涂料，屋面保温层采用 50 厚岩棉板。

第一节 基本规定

房屋建筑工程屋面防水设计，必须要有防水设计经验的人员承担，设计时要结合工程的特点，对屋面防水构造进行认真处理。因此，本条文规定设计人员在进行屋面工程设计时，根据建筑物的性质、重要程度、使用功能要求，确定建筑物的屋面防水等级和屋面做法，然后按照不同地区的自然条件、防水材料情况、经济技术水平和其他特殊要求等综合考虑防水材料，按设防要求的规定进行屋面工程构造设计，并应绘出屋面工程的设计图；对檐口、泛水等重要部位，还应由设计人员绘出大样图。对保温层理论厚度应通过计算后确定，作为屋面工程设计的依据。

防水工程施工前，施工单位要组织对图纸进行会审，掌握施工图中的细部构造及有关要求。这样做一方面是对设计图纸进行把关；另一方面使施工单位切实掌握屋面防水设计的要求，避免施工中可能出现的差错。同时，制定确保防水工程质量的施工方案或技术措施。

屋面工程各道工序之间，常常出现因上道工序存在的问题未解决，而被下道工序所覆盖的问题，给屋面防水工程留下质量隐患。因此，必须加强按工序、层次进行检查验收，即在操作人员自检合格的基础上，进行工序间的交接检查和专职质量人员的检查，检查结果应有完整的记录，然后经监理单位（或建设单位）进行检查验收后，方可进行下一工序的施工，以达到消除质量隐患的目的。

防水工程施工，实际上是对防水材料的一次再加工，必须由防水专业队伍进行施工，才能确保防水工程的质量。本条文所指的是由当地建设行政主管部门对防水施工企业的规模、技术水平、业绩等综合考核后颁发资质证书的防水专业队伍。操作人员应经过防水专业培训，达到符合要求的操作技术水平，由当地建设行政主管部门发给上岗证。对非防水专业队伍或非防水工施工的，当地质量监督部门应责令其停止施工。

防水、保温隔热材料除有产品合格证和性能检测报告等出厂质量证明文件外，还应有经当地建设行政主管部门所指定的该产品抽样检验认证的试验报告，其质量必须符合国家产品标准和设计要求。为了控制防水、保温材料的质量，对进入现场的材料规范按规定进行抽样复试。如发现不合格的材料已进入现场，应责令其清退出场，决不允许使用到工程上。

对屋面工程的成品保护是一个非常重要的问题，很多工程在屋面施工完后，又上人去进行其他作业，如安装天线、安装广告支架、堆放脚手架工具等，造成防水层的局部破坏而出现渗漏。所以对于防水层施工完成后的成品保护应引起重视。

在防水层施工前，应将伸出屋面的管道、设备及预埋件安装完毕。如在防水层施工完毕后再上人去安装，凿孔打洞或重物冲击都会破坏防水层的整体性，从而易导致屋面渗漏。

屋面工程必须做到无渗漏，才能保证使用要求。无论是防水层的本身还是屋面细部构造，通过外观检验只能看到表面的特征是否符合设计和规范的要求，肉眼无法判断是否会渗漏。只有经过雨后或持续淋水 2h 后，使屋面处于工作状态下，经受实际考验，才能观察出屋面工程是否有渗漏。有可能作蓄水检验的屋面，还规定其蓄水时间不应小于 24h。

按建筑部位确定的屋面工程为一个分部工程。当分部工程较大或较复杂时，又可按材料种类、施工特点、专业类别等划分为若干子分部工程。故本文把卷材防水屋面、涂膜防水屋面、刚性防水屋面、瓦屋面、隔热屋面均列为子分部工程（表 5-1）。

表 5-1 屋面工程各子分部工程和分项工程的划分

分部工程	子分部工程	分项工程
屋面工程	卷材防水屋面	保温层,找平层,卷材防水层,细部构造
	涂膜防水屋面	保温层,找平层,涂膜防水层,细部构造
	刚性防水屋面	细石混凝土防水层,密封材料嵌缝,细部构造
	瓦屋面	平瓦屋面,油毡瓦屋面,金属板材屋面,细部构造
	隔热屋面	架空屋面,蓄水屋面,种植屋面

屋面工程各分项工程宜按屋面面积每 500～1000m^2 划分为一个检验批，不足 500m^2 应按一个检验批；每个检验批的抽检数量按各子分部工程的规定执行，具体如下：

(1) 基层与保护工程、保温与隔热工程、瓦面与板面工程，应按屋面面积每 100m^2 抽查一处，每处应为 10m^2，且不得少于 3 处。

(2) 防水与密封工程：防水层按 (1) 执行；接缝密封防水应按每 50m 抽查一处，每处应为 5m，且不得少于 3 处。

(3) 细部构造工程各分项工程每个检验批应全数进行检验。

至于细部构造，则是屋面工程中最容易出现渗漏的薄弱环节。据调查表明，在渗漏的屋面工程中，70%以上是节点渗漏。所以，对于细部构造每一个地方都是不允许渗漏的。如水落口不管有多少个，一个也不允许渗漏；天沟、檐沟必须保证纵向找坡符合设计要求，才能排水畅通、沟中不积水。鉴于较难用抽检的百分率来确定屋面防水细部构造的整体质量，所以本规范明确规定细部构造应全部进行检查，以确保屋面工程的质量。

第二节 卷材防水屋面工程

一、屋面找平层和找坡层

卷材屋面防水层要求基层有较好的结构整体性和刚度，目前大多数建筑均以钢筋混凝土结构为主，故应采用水泥砂浆、细石混凝土找平层或沥青砂浆找平层作为防水层的基层。

1. 一般规定

找平层的基层采用装配式钢筋混凝土板时，应符合下列规定：

(1) 板端、侧缝应用细石混凝土灌缝，其强度等级不应低于 C20，嵌填深度宜低于板面 10～20mm，且应振捣密实和浇水养护。

(2) 当板缝宽度大于 40mm 或上窄下宽时，板缝内应按设计要求配置钢筋。

(3) 板端缝应进行密封处理。

目前国内较少使用小型预制构件作为结构层，但大跨度预应力多孔板和大型屋面板装配式结构仍在使用，为了获得整体性和刚度好的基层，所以对板缝的灌缝作了详细具体规定。

当板缝过宽或上窄下宽时，灌缝的混凝土干缩受振动后容易掉落，故需在缝内配筋。板端缝处是变形最大的部位，板在长期荷载下的挠曲变形会导致板与板间的接头缝隙增大，故强调此处必须进行密封处理。

屋面防水应以防为主，以排为辅。在完善设防的基础上，应将水迅速排走，以减少渗水的机会，所以正确的排水坡度很重要。平屋面在建筑功能许可的情况下应尽量做成结构找坡，坡度应尽量大些，过小施工不易准确，所以规定不应小于3%。材料找坡时，为了减轻屋面负荷，坡度规定宜为2%。天沟、檐沟的纵向坡度不能过小，否则施工时会由于找坡困难而造成积水，防水层长期被水浸泡会加速损坏。沟底的落差不超过200mm，即水落口离天沟分水线不得超过20m。

由于找平层收缩和温差的影响，水泥砂浆或细石混凝土找平层应预先留设分格缝，使裂缝集中于分格缝中，减少找平层大面积开裂的可能；沥青砂浆在低温时收缩更大，所以间距规定较小值。同时为了变形集中，分格缝应留在结构变形最易发生负弯矩的板端处。

2. 主控项目及检查方法

(1) 找平层的材料质量及配合比，必须符合设计要求。

检验方法：检查出厂合格证、质量检验报告和计量措施。

(2) 屋面（含天沟、檐沟）找平层的排水坡度，必须符合设计要求。

检验方法：坡度尺检查。

3. 一般项目及检查方法

(1) 基层与突出屋面结构的交接处和基层的转角处，均应做成圆弧形，且整齐平顺。

检验方法：观察和尺量检查。

(2) 找平层应平整、压光，不得有酥松、起砂、起皮现象。

检验方法：观察检查。

(3) 找平层分格缝的宽度和间距应符合设计要求。

检验方法：观察和尺量检查。

(4) 找坡层表面平整度的允许偏差为7mm，找平层表面平整度的允许偏差为5mm。

检验方法：用2m靠尺和楔形塞尺检查。

二、屋面保温层

一般把保温层分为板状材料、纤维材料、整体材料三种类型，隔热层分为种植、架空、蓄水三种形式。保温材料使用时的含水率，应相当于该材料在当地自然风干状态下的平衡含水率。

1. 一般规定

板状材料保温层施工应符合下列规定：

(1) 板状材料保温层的基层应平整、干燥和干净。

(2) 板状保温材料应紧靠在需保温的基层表面上，并应铺平垫稳。

(3) 分层铺设的板块上下层接缝应相互错开；板间缝隙应采用同类材料嵌填密实。

(4) 粘贴的板状保温材料应贴严、粘牢。

板状保温材料也要求基层干燥，铺时要求基层平整，铺板要平，缝隙要严，避免产生冷桥。

2. 主控项目及检查方法

(1) 保温材料质量、厚度应符合设计要求。

检验方法：检查出厂合格证、质量检验报告和现场抽样复验报告。

(2) 保温层厚度正偏差应不限，负偏差应为5%，且不得大于4mm。

检验方法：钢针插入和尺量检查。

(3) 热桥部位处理应符合设计要求。

检验方法：观察检查。

3. 一般项目及检查方法

(1) 板状保温材料铺设应紧贴基层，铺平垫稳，拼缝应严密，粘贴应牢固。

检验方法：观察检查。

(2) 固定件的规格、数量和位置应符合设计要求。

检验方法：观察检查。

(3) 保温层表面平整度允许偏差为5mm，接缝高低差允许偏差为2mm。

检验方法：2m靠尺、直尺和塞尺检查。

三、卷材防水层

屋面防水多道设防时，可采用同种卷材叠层或不同卷材和涂膜复合及刚性防水和卷材复合等。采取复合使用，虽会使品种对施工和采购带来不便有所增加，但对材性互补、保证防水可靠性是有利的，应予提倡。

卷材屋面坡度超过25%时，常发生下滑现象，故应采取防止下滑措施。防止卷材下滑的措施除采取满粘法外，目前还有钉压固定等方法，固定点亦应封闭严密。

为使卷材防水层与基层粘接良好，避免卷材防水层发生鼓泡现象，基层必须干净、干燥。由于我国地域广阔、气候差异甚大，不可能制定统一的含水率限制。铺贴卷材的基层含水率是与当地的相对湿度有关，应采用相当于当地湿度的平衡含水率。目前许多企业和地方标准中规定含水率为8%～15%，如定得过小干燥有困难，过大则保证不了质量。

(1) 卷材铺贴方向应符合下列规定：

① 卷材宜平行屋脊铺贴。

② 上下层卷材不得相互垂直铺贴。

(2) 铺贴卷材采用搭接法时，上下层及相邻两幅卷材的搭接缝应错开。

(3) 冷粘法铺贴卷材应符合下列规定：

① 胶粘剂涂刷应均匀，不露底，不堆积。

② 根据胶黏剂的性能，应控制胶黏剂涂刷与卷材铺贴的间隔时间。

③ 铺贴的卷材下面的空气应排尽，并辊压粘接牢固。

④ 铺贴卷材应平整顺直，搭接尺寸准确，不得扭曲、皱折。

⑤ 接缝口应用密封材料封严，宽度不应小于10mm。

(4) 热熔法铺贴卷材应符合下列规定：

① 火焰加热器加热卷材应均匀，不得过分加热或烧穿卷材；

② 卷材表面热熔后应立即滚铺卷材，卷材下面的空气应排尽，并辊压粘接牢固，不得空鼓；

③ 卷材接缝部位必须溢出热熔的改性沥青胶，溢出的改性沥青胶宽度宜为8mm；

④ 铺贴的卷材应平整顺直，搭接尺寸准确，不得扭曲、皱折；

⑤ 厚度小于 3mm 的高聚物改性沥青防水卷材，严禁采用热熔法施工。

(5) 自粘法铺贴卷材应符合下列规定：

① 铺贴卷材前基层表面应均匀涂刷基层处理剂，干燥后应及时铺贴卷材。

② 铺贴卷材时，应将自粘胶底面的隔离纸全部撕净。

③ 卷材下面的空气应排尽，并辊压粘接牢固。

④ 铺贴的卷材应平整顺直，搭接尺寸准确，不得扭曲、皱折。搭接部位宜采用热风加热，随即粘贴牢固。

⑤ 接缝口应用密封材料封严，宽度不应小于 10mm。

对自粘法铺贴卷材的施工要点作出规定。首先将隔离纸撕净，否则不能实现完全粘贴。为了提高卷材与基层的粘接性能，基层应涂刷处理剂，并及时铺贴卷材。为保证接缝粘接性能，搭接部位提倡采用热风加热，尤其在温度较低时施工，这一措施就更为必要。

采用这种铺贴工艺，考虑到施工的可靠度、防水层的收缩，以及外力使缝口翘边开缝的可能，要求接缝口用密封材料封严，以提高其密封抗渗的性能。在铺贴立面或大坡面卷材时，立面和大坡面处卷材容易下滑，可采用加热方法使自粘卷材与基层粘接牢固，必要时还应采用钉压固定等措施。

(6) 焊接法铺贴卷材应符合下列规定：

① 焊接前卷材的铺设应平整顺直，搭接尺寸准确，不得扭曲、皱折。

② 卷材的焊接面应清扫干净，无水滴、油污及附着物。

③ 焊接时应先焊长边搭接缝，后焊短边搭接缝。

④ 控制热风加热温度和时间，焊接处不得有漏焊、跳焊、焊焦或焊接不牢现象。

⑤ 焊接时不得损害非焊接部位的卷材。

为使接缝焊接牢固、封闭严密，应将接缝表面的油污、尘土、水滴等附着物擦拭干净后，才能进行焊接施工。同时，焊接速度与热风温度、操作人员的熟练程度关系极大，焊接施工时必须严格控制，决不能出现漏焊、跳焊、焊焦或焊接不牢等现象。

(7) 主控项目及检验方法。

① 卷材防水层所用卷材及其配套材料，必须符合设计要求。

检验方法：检查出厂合格证、质量检验报告和现场抽样复验报告。

② 卷材防水层不得有渗漏或积水现象。

检验方法：雨后或淋水、蓄水检验。

③ 卷材防水层在天沟、檐沟、檐口、水落口、泛水、变形缝和伸出屋面管道的防水构造，必须符合设计要求。

检验方法：检查隐蔽工程验收记录。

(8) 一般项目及检验方法。

① 卷材防水层的搭接缝应粘（焊）接牢固，密封严密，不得有皱折、翘边和鼓泡等缺陷。

检验方法：观察检查。

② 防水层的收头应与基层粘接并固定牢固，缝口封严，不得翘边。

检验方法：观察检查。

③ 屋面排汽构造的排气道应纵横贯通，不得堵塞。排汽管应安装牢固，位置正确，封

闭严密。

检验方法：观察检查。

④ 卷材的铺贴方向应正确，卷材搭接宽度的允许偏差为－10mm。

检验方法：观察和尺量检查。

第三节 涂膜防水屋面工程

一、屋面找平层

涂膜防水屋面找平层工程应符合第二章第一节的规定。

二、屋面保温层

涂膜防水保温层工程应符合本章第二节的规定。

三、涂膜防水层

二道以上设防时，防水涂料与防水卷材应采用相容类材料；涂膜防水层与防水层之间应设隔离层；防水涂料与防水卷材复合使用形成一道防水层，涂料与卷材应选择相容类材料。防水涂料应采用高聚物改性防水涂料、合成高分子防水涂料。

(1) 防水涂膜施工应符合下列规定：

① 涂膜应根据防水涂料的品种分层分遍涂布，不得一次涂成，应待先涂的涂层干燥成膜后，方可涂后一遍涂料。

② 胎体长边搭接宽度不应小于 50mm，短边搭接宽度不应小于 70mm。

③ 采用二层胎体增强材料时，上下层不得相互垂直铺设，搭接缝应错开，其间距不应少于幅度的 1/3。

(2) 主控项目及检验方法。

① 防水涂料和胎体增强材料的质量，应符合设计要求。

检验方法：检查出厂合格证、质量检验报告和进场检验报告。

② 涂膜防水层不得有渗漏或积水现象。

检验方法：雨后观察或淋水、蓄水试验。

③ 涂膜防水层在天沟、檐沟、檐口、水落口、泛水、变形缝和伸出屋面管道和防水构造，必须符合设计要求。

检验方法：观察检查。

④ 涂膜防水层的平均厚度应符合设计要求，最小厚度不应小于设计厚度的 80%。

检验方法：针测法或取样量测。

(3) 一般项目及检验方法。

① 涂膜防水层与基层应粘接牢固，表面平整，涂刷均匀，无流淌、皱折、鼓泡、露胎体和翘边等缺陷。

检验方法：观察检查。

② 涂膜防水层的收头应用防水涂料多遍涂刷。

检验方法：观察检查。

③ 铺贴胎体增强材料应平整顺直，搭接尺寸应准确，应排除气泡，并应与涂料粘接牢固；胎体增强材料搭接宽度的允许偏差为−10mm。

检验方法：观察和尺量检查。

第四节 瓦屋面工程

一、平瓦屋面

平瓦主要是指传统的黏土机制平瓦和混凝土平瓦。平瓦屋面适用于不小于20%的坡度，是基于瓦的特性及使用总结。屋面与立墙及突出屋面结构等的交接处是瓦屋面防水的关键部位，应做好泛水处理；至于天沟、檐沟防水层采用什么样的材料与形式，需根据工程的综合条件要求而确定。

1. 一般规定

平瓦屋面的有关尺寸应符合下列要求：

(1) 脊瓦在两坡面瓦上的搭盖宽度，每边不小于40mm。

(2) 瓦伸入天沟、檐沟的长度为50～70mm。

(3) 金属天沟、檐沟的防水层伸入瓦内宽度不小于150mm。

(4) 瓦头挑出封檐板的长度为50～70mm。

(5) 突出屋面的墙或烟囱的侧面瓦伸入泛水宽度不小于50mm。

2. 主控项目及检验方法

(1) 平材及防水垫层的质量，应符合设计要求。

检验方法：检查出厂合格证、质量检验报告和进场检验报告。

(2) 烧结瓦、混凝土瓦屋面不得有渗漏现象。

检验方法：雨后观察或淋水试验。

(3) 平瓦必须铺置牢固。在大风及地震设防地区或坡度大于100%的屋面，应按设计要求采取固定加强措施。

检验方法：观察和手扳检查。

3. 一般项目及检验方法

(1) 挂瓦条应分档均匀，铺钉平整、牢固；瓦面平整，行列整齐，搭接紧密，檐口平直。

检验方法：观察检查。

(2) 脊瓦应搭盖正确，间距应均匀，封固应严密；屋脊和斜脊应顺直，应无起伏现象。

检验方法：观察和手扳检查。

(3) 泛水做法应符合设计要求，顺直整齐，结合严密。

检验方法：观察检查。

二、金属板材屋面

金属板材的种类很多，有锌板、镀铝锌板、铝合金板、铝镁合金板、钛合金板、铜板、不锈钢板等。厚度一般为0.4～1.5mm，板的表层一般进行涂装。由于材质及涂层的质量不同，有的板寿命可达50年以上。板的制作形状可多种多样，有的为复合板，有的为单板。有的板在生产厂加工好后现场组装，有的板可以根据屋面工程的需要在现场加工。保温层有在工厂复合好的，也有在现场制作的。金属板材屋面形式多样，从大型公共建筑到厂房、库房、住宅等使用广泛。

金属板材屋面板与板之间的密封处理很重要，应根据不同屋面的形式、不同材料、不同环境要求、不同功能要求，采取相应的密封处理方法。

1. 一般规定

金属板屋面的有关尺寸应符合下列要求：

(1) 金属板的横面搭接不小于一个波，纵向搭接不小于200mm。

(2) 金属板檐口挑出墙面的长度不应小于200mm。

(3) 金属板伸入檐沟、天沟内的长度不小于100mm。

(4) 金属泛水板与突出屋面墙体的搭接高度不应小于250mm。

2. 主控项目及检验方法

(1) 金属板材及其辅助材料的质量，应符合设计要求。

检验方法：检查出厂合格证、质量检验报告和进场检验报告。

金属钢板应边缘整齐、表面光滑、色泽均匀；外形应规则，不得有扭翘、脱膜和锈蚀等缺陷。金属钢板的堆放场地应平坦、坚实，且便于排除地面水。堆放时应分层，并且每隔3～5m加放垫木。

(2) 金属板屋面不得有渗漏现象。

检验方法：雨后观察或淋水检验。

3. 一般项目及检验方法

(1) 金属板材屋面应安装平整，固定方法正确，密封完整；排水坡度应符合设计要求。

检验方法：观察和尺量检查。

天沟用镀锌钢板制作时，应伸入压型钢板的下面，其长度不应小于100mm；当设有檐沟时，压型钢板应伸入檐沟内，其长度不应小于50mm。檐口应用异型镀锌钢板的堵头、封檐板，山墙应用异型镀锌钢板的包角板和固定支架封严。

金属板材屋面的排水坡度，应根据屋架形式、屋面基层类别、防水构造形式、材料性能以及当地气候条件等因素，经技术经济比较后确定。

(2) 金属板材屋面的檐口线、泛水段应顺直，无起伏现象。

检验方法：观察检查。

压型钢板屋面的泛水板与突出屋面的墙体搭接高度不应小于300mm；安装应平直。金属板材屋面的檐口线、泛水段应顺直，无起伏现象，使瓦面整齐、美观。

三、细部构造

屋面的天沟、檐沟、泛水、水落口中、檐口、变形缝、伸出屋面管道等部位，是屋面工程中最容易出现渗漏的薄弱环节。据调查表明有70%的屋面渗漏都是由于节点部位的防水处理不当引起的。所以，对这些部位均应进行防水增强处理，并用重点质量检查验收。

用于细部构造的防水材料，由于品种多、用量少而作用非常大，所以对细部构造处理所用的防水材料，也应按照有关的材料标准进行检查验收。

天沟、檐沟与屋面交接处、泛水、阴阳角等部位，由于构件断面的变化和屋面的变形常会产生裂缝，对这些部位应做防水增强处理。

(1) 天沟、檐沟的防水构造应符合下列要求：

① 沟内附加层在天沟、檐沟与屋面交接处宜空铺，空铺的宽度不应小于 200mm。

② 卷材防水层应由沟底翻上至沟外檐顶部，卷材收头应用水泥钉固定，并用密封材料封严。

③ 涂膜收头应用防水涂料多遍涂刷或用密封材料封严。

④ 在天沟、檐沟与细石混凝土防水层的交接处，应留凹槽并用密封材料嵌填严密。

天沟、檐沟的混凝土在搁轩梁部位均会产生开裂现象，裂缝会延伸至檐沟顶端，所以防水层应从沟底上翻至外檐的顶部。为防止收头翘边，卷材防水层应用压条钉压固定，涂料防水层应增加涂刷遍数，必要时用密封材料封严。

(2) 檐口的防水构造应符合下列要求：

① 铺贴檐口 800mm 范围内的卷材应采取满粘法。

② 卷材收头应压入凹槽，采用金属压条钉压，并用密封材料封口。

③ 涂膜收头应用防水涂料多遍涂刷或用密封材料封严。

④ 檐口下端应抹出鹰嘴和滴水槽。

(3) 女儿墙泛水的防水构造应符合下列要求：

① 铺贴泛水处的卷材应采取满粘法。

② 砖墙上的卷材收头可直接铺压在女儿墙压顶下，压顶应做防水处理；也可压入砖墙凹槽内固定密封，凹槽距屋面找平层不应小于 250mm，凹槽上部的墙体应做防水处理。

③ 涂膜防水层应直接涂刷至女儿墙的压顶下，收头处理应用防水涂料多遍涂刷封严，压顶应做防水处理。

④ 混凝土墙上的卷材收头应采用金属压条钉压，并用密封材料封严。

女儿墙泛水的收头若处理不当易产生翘边现象，使雨水从开口处渗入防水层下部，故应按设计要求进行收头处理。

(4) 水落口的防水构造应符合下列要求：

① 水落口杯上口的标高应设置在沟底的最低处。

② 防水层贴入水落口杯内不应小于 50mm。

③ 水落口周围直径 500mm 范围内的坡度小应小于 5%，并采用防水涂料或密封材料涂封，其厚度不应小于 2mm。

④ 水落口杯与基层接触处应留宽 20mm、深 20mm 凹槽，并嵌填密封材料。

(5) 变形缝的防水构造应符合下列要求：

① 变形缝的泛水高度不应小于 250mm。

② 防水层应铺贴到变形缝两侧砌体的上部。

③ 变形缝内应填充聚苯乙烯泡沫塑料，上部填放衬垫材料，并用卷材封盖。

④ 变形缝顶部应加扣混凝土或金属盖板，混凝土盖板的接缝应用密封材料嵌填。

(6) 伸出屋面管道的防水构造应符合下列要求：

① 管道根部直径 500mm 范围内，找平层应抹出高度不小于 30mm 的圆台。

② 管道周围与平层或细石混凝土防水层之间，应预留 20mm×20mm 的凹槽，并用密封材料嵌填严密。

③ 管道根部四周应增设附加层，宽度和高度均不应小于 300mm。

④ 管道上的防水层收头处应用金属箍紧固，并用密封材料封严。

(7) 主控项目及检验方法。

① 天沟、檐沟的排水坡度，必须符合设计要求，不得有渗漏和积水现象。

检验方法：坡度尺检查和雨后观察或淋水、蓄水试验。

② 天沟、檐沟、檐口、水落口、泛水、变形缝和伸出屋面管道的防水构造，必须符合设计要求。

检验方法：观察检查。

(8) 一般项目及检验方法。

① 檐口 800mm 范围内的卷材应满粘；卷材收头应在找平层的凹槽内用金属压条钉压固定，并应用密封材料封严；涂膜收头应用防水涂料多遍涂刷；檐口端部应抹聚合物水泥砂浆，其下端应做成鹰嘴和滴水槽。

检验方法：观察检查。

② 檐沟、天沟附加层铺设应符合设计要求；檐沟防水层应由沟底翻上至外侧顶部，卷材收头应用金属压条钉压固定，并应用密封材料封严；涂膜收头应用防水涂料多遍涂刷；檐沟外侧顶部及内侧均应抹聚合物水泥砂浆，其下端应做成鹰嘴和滴水槽。

检验方法：观察检查。

③ 女儿墙的泛水高度及附加层铺设应符合设计要求；女儿墙卷材应满粘。卷材收头应用金属压条钉压固定，并应用密封材料封严；涂膜应直接涂刷至压顶下，涂膜收头应用防水涂料多遍涂刷。

检验方法：观察检查。

④ 水落口的数量和位置应符合设计要求；水落口杯应安装牢固；水落口周围直径 500mm 范围内坡度不应小于 5%，水落口周围的附加层铺设应符合设计要求；防水层及附加层伸入水落口杯内不应小于 50mm，并应粘接牢固。

检验方法：观察和尺量检查。

⑤ 变形缝的泛水高度及附加层铺设应符合设计要求；防水层应铺贴或涂刷至泛水墙的顶部；等高变形缝顶部宜加扣混凝土或金属盖板，混凝土盖板的接缝应用密封材料封严，金属盖板应铺钉牢固，搭接缝应顺流水方向，并应做好防锈处理；高低跨变形缝在高跨墙面上的防水卷材封盖和金属盖板，应用金属压条钉压固定，并应用密封材料封严。

检验方法：观察检查。

⑥ 伸出屋面管道的泛水高度及附加层铺设应符合设计要求；伸出屋面管道周围的找平层应抹出高度不小于 30mm 的排水坡；卷材防水层收头应用金属箍固定，并应用密封材料封严，涂膜防水层收头应用防水涂料多遍涂刷。

检验方法：观察和尺量检查。

第五节 分部工程验收

《建筑工程施工质量验收统一标准》(GB 50300—2013) 规定分项工程可由若干检验批组成，分项工程划分成检验批进行验收，有助于及时纠正施工中出现的质量问题，确保工程质量，符合施工实际的需要。

分项工程检验批的质量应按主控项目和一般项目进行验收。主控项目是对建筑工程的质量起决定性作用的检验项目，质量检验合格；一般项目的质量应经抽查检验合格，有允许偏差值的项目，其抽查点应有80%及其以上在允许偏差范围内，且最大偏差值不得超过允许偏差值的1.5倍。分项工程检验批不符合质量标准要求时，应及时进行处理。

屋面工程验收的资料和记录应按表5-2要求执行。

表5-2 屋面工程验收的资料和记录

资料项目	验收资料
防水设计	设计图纸及会审记录，设计变更通知单和材料代用核定单
施工方案	施工方法、技术措施、质量保证措施
技术交底记录	施工操作要求及注意事项
材料质量证明文件	出厂合格证、型式检验报告、出厂检验报告、进场验收记录和进场检验报告
施工日志	逐日施工情况
工程检验记录	工序交接检验记录、检验批质量验收记录、隐蔽工程验收记录、淋水或蓄水试验记录、观感质量检查记录、安全与功能抽样检验(检测)记录
其他技术资料	事故处理报告、技术总结

屋面工程验收的文件和记录体现了施工全过程控制，必须做到真实、准确，不得有涂改和伪造，各级技术负责人签字后方可有效。

(1) 屋面工程应对下列部位进行隐蔽工程验收：

① 卷材、涂膜防水层的基层；

② 保温层的隔汽和排汽措施；

③ 天沟、檐沟、泛水、水落口和变形缝等细部做法；

④ 保温层的铺设方式、厚度、板材缝隙填充质量及热桥部位的保温措施；

⑤ 接缝的密封处理；

⑥ 瓦材与基层的固定措施；

⑦ 在屋面易开裂和渗水部位的附加层；

⑧ 保护层与卷材、涂膜防水层之间的隔离层；

⑨ 金属板材和基层的固定和板缝间的密封处理；

⑩ 坡度较大时，防止卷材和保温层下滑的措施。

隐蔽工程为后续的工序或分项工程覆盖、包裹、遮挡的前一分项工程。例如防水层的基层，密封防水处理部位，天沟、檐沟、泛水和变形缝等细部构造，应经过检查符合质量标准后方可进行隐蔽，避免因质量问题造成渗漏或不易修复而直接影响防水效果。

(2) 屋面工程观感质量检查应符合下列要求：

① 卷材铺贴方向应正确，搭接缝应粘接或焊接牢固，搭接宽度应符合设计要求，表面应平整，不得有扭曲、皱折和翘边等缺陷。

② 涂膜防水层粘接应牢固，表面应平整，涂刷应均匀，不得流淌、起泡和漏胎体等缺陷。

③ 嵌填的密封材料应与接缝两侧粘接牢固，表面应平滑，缝边应顺直，不得有气泡、

开裂和剥离等缺陷。

④ 檐口、檐沟、天沟、女儿墙、山墙、水落口、变形缝和伸出屋面管道等防水构造，应符合设计要求。

⑤ 烧结瓦、混凝土瓦铺装应平整、牢固，应行列整齐，搭接应紧密，檐口应顺直；脊瓦应搭盖正确，间距应均匀，封固应严密；正脊和斜脊应顺直，应无起伏现象；泛水应顺直整齐，结合应严密。

⑥ 沥青瓦铺装应搭接正确，瓦片外露部分不得超过切口长度，钉帽不得外露；沥青瓦应与基层钉粘牢固，瓦面应平整，檐口应顺直；泛水应顺直整齐，结合应严密。

⑦ 金属板铺装应平整、顺滑；连接应正确，接缝应严密；屋脊、檐口、泛水直线段应顺直，曲线段应顺畅。

⑧ 玻璃采光顶铺装应平整、顺直，外露金属框应压条应横平竖直，压条应安装牢固；玻璃密封胶缝应横平竖直、深浅一致，宽窄应均匀，应光滑顺直。

⑨ 上人屋面或其他使用功能屋面，其保护及铺面应符合设计要求。

(3) 检查屋面有无渗漏、积水和排水系统是否畅通。

《建筑工程施工质量验收统一标准》(GB 50300—2013) 的规定，建筑工程施工质量验收时，对涉及结构安全和使用功能的重要分部工程应进行抽样检测。因此，屋面工程验收时，应检查屋面有无渗漏、积水和排水系统是否畅通，可在雨后或持续淋水 2h 后进行。有可能作蓄水检验的屋面，其蓄水时间不应小于 24h。检验后应填写安全和功能检验（检测）报告，作为屋面工程验收的文件和记录之一。

(4) 屋面工程验收后，应填写分部工程质量验收记录，交建设单位和施工单位存档。

屋面工程完成后，应由施工单位先行自检，并整理施工过程中的有关文件和记录，确认合格后会同建设（监理）单位，共同按质量标准进行验收。分部工程的验收，应在分项、子分部工程通过验收的基础上，对必要的部位进行抽样检验和使用功能满足程度的检查。分部工程应由总监理工程师（建设单位项目负责人）组织施工技术质量负责人进行验收。

屋面工程竣工验收时，施工单位应按照规定，将验收文件和记录提供总监理工程师（建设单位项目负责人）审查，核查无误后方可作为存档资料。

能力训练题

选择题

1. 伸出屋面的管道根部应增设附加层，宽度和高度均不应小于（　　）mm。

A. 150　　B. 300　　C. 250

2. 水落口的防水构造应符合下列规定（　　）。

A. 水落口杯上口的标高应设置在沟底的最低处

B. 防水层贴入水落口杯内不应小于 50mm

C. 水落口周围直径 500mm 范围内的坡度不应小于 5%，并采用防水涂料或密封材料涂封，其厚度不应小于 2mm

3. 变形缝的防水构造应符合下列规定（　　）。

A. 变形缝的泛水高度不应小于 250mm

B. 防水层应铺贴到变形缝两侧砌体的上部

C. 变形缝顶部应加扣混凝土或金属盖板，混凝土盖板的接缝应用密封材料嵌填

D. 变形缝内应填塞塑料，并用卷材封盖

4. 屋面工程隐蔽验收记录应包括以下内容（ ）。

A. 卷材、涂膜防水层的基层

B. 密封防水处理部位

C. 天沟、檐沟、泛水和变形缝细部做法

D. 卷材、涂膜防水层的搭接宽度和附加层

E. 刚性保护层与卷材、涂膜防水层之间设置的隔离层

F. 卷材保护层

5. 检查屋面有无渗漏、积水和排水系统是否畅通，应在雨后或持续淋水（ ）后进行，有可能作蓄水检验的屋面，其蓄水时间不应少于（ ）。

A. 2 小时　　B. 12 小时　　C. 24 小时

第六章

建筑节能工程施工质量验收

了解新建、改建和扩建的民用建筑工程中墙体、门窗、屋面、地面等建筑节能工程施工质量的验收。

案例导读

本工程为某开发区商业大楼，占地面积1.63万平方米，建筑物层数地上22层，地下2层，基础类型为桩基筏式承台板，结构形式为现浇剪力墙，混凝土采用商品混凝土，钢筋采用HRB400级。屋面防水采用SBS改性沥青防水卷材，外墙面喷涂，内墙面和顶棚刮腻子喷大白，屋面保温采用憎水珍珠岩，外墙保温采用聚苯保温板，外墙装饰二层以下采用石材幕墙，二层以上为玻璃幕墙。采暖采用地板辐射式采暖。

术语

1. 建筑节能工程

为节约建筑使用能耗所进行的建筑施工及安装工程。

2. 围护结构

建筑物及房间各面的围挡物，如墙体、屋面、地面和门窗等。分内、外围护结构两类。

3. 热导率

稳态条件下，1m厚物体，两侧表面温差为1K，1h内通过$1m^2$面积传递的热量。

4. 传热系数

稳态条件下，围护结构两侧空气温差为1K，1h内通过$1m^2$面积传递的热量。

5. 热桥

围护结构两侧在温差作用下，形成热流密集的传热部位。

第一节 墙体节能工程

一、一般要求

墙体节能工程应在主体结构及基层质量验收合格后施工，与主体结构同时施工的墙体节能工程，应与主体结构一同验收。一般墙体节能工程均为在主体结构内侧或外侧表面增加保温层，故应在主体结构及基层质量验收合格后施工。但是与主体结构同时施工的墙体节能工程，如现浇夹心复合保温墙板等，则无法分别验收，应与主体结构一同验收。

对既有建筑进行节能改造施工前，应对基层进行处理，使其达到设计和施工工艺的要求。既有建筑的节能改造，往往需要对原有的基层表面进行处理，然后进行保温层和面层施工。这种基层表面处理对于保证安全和节能效果十分重要，但属于隐蔽工程，施工中容易被忽略。

当墙体节能工程采用外保温成套技术或产品时，其型式检验报告中应包括耐候性检验。墙体节能工程采用的外保温成套技术或产品，是由供应方配套提供。对于其生产过程中采用的材料、工艺及产品耐久性能难以在施工现场进行检查。因此主要依靠厂方提供的型式检验报告加以证实。其中耐久性能在短期内更是难以判断。型式检验报告本应包含耐久性能检验，但是由于该项检验较复杂，部分不规范的型式检验报告不做该项检验。故规定型式检验报告的内容应包括耐候性检验。当施工中出现缺少耐久性检验参数时，应由具备资格的检测机构予以补做。

(1) 墙体节能工程采用的保温材料和粘接材料，进场时应对其下列性能进行复验：

① 保温板材的热导率、材料密度、压缩强度、阻燃性；

② 保温浆料的热导率、压缩强度、软化系数和凝结时间；

③ 粘接材料的粘接强度；

④ 增强网的力学性能、抗腐蚀性能；

⑤ 其他保温材料的热工性能；

⑥ 必要时，可增加其他复验项目或在合同中约定复验项目。

(2) 墙体节能工程应对下列部位或内容进行隐蔽工程验收，并应有详细的文字和图片资料：

① 保温层附着的基层及其表面处理；

② 保温板粘接或固定；

③ 锚固件；

④ 增强网铺设；

⑤ 墙体热桥部位处理；

⑥ 预置保温板或预制保温墙板的板缝及构造节点；

⑦ 现场喷涂或浇注有机类保温材料的界面。

墙体节能工程的隐蔽工程应随施工进度及时进行验收。隐蔽工程本应随施工进度及时进行验收。但是当分段施工时某些隐蔽工程验收未能及时进行，而是等整体做完后再验收，导致部分隐蔽工程在隐蔽前未进行认真检查验收，这可能给节能工程留下隐患。为防止这种做法，故作出隐蔽工程应随施工进度及时进行验收的规定。及时验收的含义为“随做随验”，即每处（段）隐蔽工程都要在对其隐蔽前进行验收，不应后补。

当需要划分检验批时，可按照相同材料、工艺和施工做法的墙面每 $500\sim1000m^2$ 面积划分为一个检验批，不足 $500m^2$ 也为一个检验批。

检验批的划分也可根据与施工流程相一致且方便施工与验收的原则，由施工单位与监理（建设）单位共同商定。应注意墙体节能工程检验批的划分并非是唯一或绝对的。当遇到较为特殊的情况时，检验批的划分也可根据方便施工与验收的原则，由施工单位与监理（建设）单位共同商定。

二、主控项目

用于墙体节能工程的材料、构件等应符合设计要求和相关标准的规定。除了对进场材料进行进场验收外，主要依靠对质量证明文件的检查。包括检查材料的出厂（场）合格证、出厂检测报告、进场复验报告及型式检验报告等。对于新材料、新构件，还应检查是否符合相关规定。

应该引起重视的是，当上述质量证明文件和检测报告为复印件时，应加盖证明其真实性的相关单位印章和经手人员签字，并应注明原件存放处。

(1) 严寒、寒冷、夏热冬冷地区的墙体节能材料，尚应符合下列要求：

① 外保温使用的粘接材料，应进行冻融试验，其结果应符合有关规定。

② 采用浆料保温时，在抹面层施工前应控制封闭在保温浆料层内的实际含水率，使其不应降低保温效果。

严寒、寒冷、夏热冬冷地区的墙体节能材料，由于处在较为严酷的条件下，故对其增加了要求。对外保温粘接材料的冻融试验，应按照有关产品标准进行，其结果应符合产品标准的规定。对浆料保温层，要求封闭前应控制被封闭在保温浆料层内的实际含水率，使其不应降低保温效果。由于实际情况较为复杂，各地采用的材料、工艺及施工条件，以及施工时的环境温湿度有很大差异，故难以作出统一规定。

墙体节能工程施工前应按照设计和施工方案的要求对基层进行处理，并符合保温层施工工艺的要求。墙体节能工程往往需要对原有的基层表面进行处理，然后进行保温层施工。这种基层表面处理对于保证安全和节能效果十分重要，且属于隐蔽工程，施工中容易被忽略。故强调对原有基层表面进行的处理应按照设计和施工工艺的要求进行，满足保温层施工的需要。

墙体节能工程各层构造做法应符合设计要求，并应按照经过审批的施工方案进行施工。除面层外，墙体节能工程各层构造做法均为隐蔽工程，完工后难以检查。因此对于隐蔽工程验收应随做随验，并做好记录。检查的内容主要是墙体节能工程各层构造做法是否符合设计要求，以及施工工艺是否符合施工方案要求。检验批验收时应检查这些隐蔽工程验收记录，并应对照设计要求和施工方案进行目测抽查。

（2）墙体节能工程的施工，应符合下列要求：

① 保温材料的厚度应符合设计要求。

② 保温板与基层及各构造层之间的粘接或连接必须牢固。粘接强度和连接方式应符合设计要求和相关标准的规定。

③ 浆料保温层应分层施工。当外墙采用浆料做外保温时，浆料保温层与基层之间及各层之间的粘接必须牢固，不应脱层、空鼓和开裂。

④ 当墙体节能工程采用预埋或后置锚固件时，其数量、位置、锚固深度和拉拔力应符合设计要求。

⑤ 对墙体的热桥部位应按照设计要求和施工方案采取隔断热桥措施。

其中第5款“墙体的热桥部位应按照设计要求和施工方案采取隔断热桥措施”，应根据工程的具体情况采取措施。当设计有要求时，按照设计要求处理；当某些热桥部位设计未给出处理方案时，应由施工方案决定采取适宜的技术措施加以弥补。

当外墙采用保温浆料做保温层时，应在施工中制作同条件试件，检测其热导率、干密度、压缩强度、软化系数和凝结时间。外墙保温层采用保温浆料做法时，由于施工现场的条件所限，保温浆料的配制与施工质量不易控制。为了检验浆料保温层的实际保温效果，规定应在施工中制作同条件试件，以检测其热导率、干密度、压缩强度、软化系数和凝结时间。

（3）墙体节能工程各类饰面层的基层及面层施工，应符合设计要求和《建筑装饰装修工程质量验收规范》（GB 50210—2001）的规定，并应符合下列要求：

① 饰面层施工的基层应无脱层、空鼓和裂缝，基层应平整、干净，含水率应符合饰面层施工的要求。

② 外墙外保温工程不宜采用粘贴饰面砖做饰面层。当采用时，必须保证保温层与饰面砖的安全性。

③ 外墙外保温工程的饰面层不应渗漏。当外墙外保温工程的饰面层采用饰面板开缝安装时，保温层表面应具有防水功能。

④ 外墙外保温层及饰面层与其他部位交接的收口处，应采取密封措施。

采用保温砌块砌筑的墙体，应采用具有保温功能的砂浆砌筑。砌筑砂浆的强度等级应符合设计要求。砌体的水平灰缝饱满度不应低于90%，竖直灰缝饱满度不应低于80%。保温砌块砌筑的墙体，通常设计均要求采用具有保温功能的砂浆砌筑。由于其灰缝饱满度与密实性直接影响节能效果，故对于保温砌体灰缝砂浆饱满度的要求应严于普通灰缝。规范要求水平灰缝饱满度不应低于90%，竖直灰缝不应低于80%，实践证明是可行的。

（4）采用预制保温墙板现场安装组成保温墙体，具有施工进度快、产品质量稳定、保温效果可靠等优点。但是组装过程容易出现连接、渗漏等问题。规定首先应有型式检验报告证明预制保温墙板产品及其安装性能合格，包括保温墙板的结构性能、热工性能等均应合格，其次墙板与主体结构的连接方法应符合设计要求，墙板的板缝、构造节点及嵌缝做法应与设计一致。安装好的保温墙板板缝不得渗漏。采用预制保温墙板现场安装的墙体，应符合下列要求：

① 预制保温墙板产品及其安装性能应有型式检验报告。

② 保温墙板的结构性能、热工性能及与主体结构的连接方法应符合设计要求，与主体结构连接必须牢固。

③ 保温墙板的板缝、构造节点及嵌缝做法应符合设计要求。

④ 保温墙板板缝不得渗漏。

三、一般项目

当采用外墙外保温时，建筑物的抗震缝、伸缩缝、沉降缝的保温构造做法应符合设计要求。外墙外保温在建筑物的抗震缝、伸缩缝、沉降缝等处的保温构造做法较为复杂，也比较容易出现问题。通常设计应给出这些部位的施工要求。当缺少设计要求时，应按照施工技术方案给出具体要求进行施工。

当采用玻纤网格布作为防止开裂的加强措施时，玻纤网格布的铺贴和搭接应符合设计和施工工艺的要求。表层砂浆抹压应严实，不得空鼓，玻纤网格布不得皱褶、外露。

外墙附墙或挑出部件如梁、过梁、柱、附墙柱、女儿墙、外墙装饰线、墙体内箱盒、管线等，应按设计要求采取隔断热源或节能保温措施。这里所指外墙附墙或挑出的各种部件，均是容易产生热桥的部位，对于墙体总体保温效果有一定影响。这些部位或构件均应按设计要求采取隔断热源或节能保温措施。当缺少设计要求时，应按照施工技术方案进行处理。施工中采用红外成像扫描设备可以清楚了解其处理措施是否有效。

施工产生的墙体缺陷如穿墙套管、脚手眼、孔洞等，应采取隔断热桥的保温密封修补措施。

墙体采用保温浆料时，保温浆料层宜连续施工；保温浆料厚度应均匀、接茬应平顺密实。从施工工艺角度看，除配制外，保温浆料的抹灰与普通装饰抹灰基本相同。保温浆料层的施工，包括对基层和面层的要求、对接槎的要求、对分层厚度和压实的要求等，均应按照抹灰工艺执行。

第二节 门窗节能工程

本部分内容适用于建筑门窗节能工程，包括金属门窗、塑料门窗、木质门窗、各种复合门窗、特种门窗，以及门窗玻璃安装等节能工程的施工质量验收。

一、一般要求

严寒、寒冷地区的建筑外窗不应采用推拉窗。其他地区设有空调的房间，其建筑外窗不宜采用推拉窗。当必须采用时，其气密性和保温性能指标应在原要求基础上提高一级。严寒、寒冷地区主要考虑建筑的冬季防寒保温，建筑门窗的开启方式对建筑的采暖能耗影响很大，在正常工艺制作条件下，由于平开窗开启扇位置采用了胶条密封，推拉窗采用毛条密封；平开窗开启缝长度比推拉窗小；平开窗开启扇在关闭状态密封胶条的压紧力比推拉窗密封毛条压紧力大。平开窗比推拉窗节能性能要好些。所以在严寒、寒冷地区的建筑外窗不应采用推拉窗。当必须采用时，其气密性和保温性能指标应在原要求基础上提高一级。

严寒、寒冷地区的建筑外窗不宜采用凸窗。夏热冬冷地区当采用凸窗时，其气密性和保温性能应符合设计和产品标准的要求。凸窗凸出墙面部分应采取节能保温措施。凸窗虽然美观，但是由于其设计的原因，在凸出位置不容易形成空气对流，尤其在严寒、寒冷地区，冬季气温较低，极易形成结露，导致墙体、门窗长毛，所以不宜采用凸窗。夏热冬冷地区当采用凸窗时，其气密性和保温性能应符合设计和产品标准的要求。凸窗凸出墙面部分应采取节能保温措施。

(1) 为了保证进入工程用的门窗质量达到标准，保证门窗的性能，需要在建筑外窗进入施工现场时进行复验：由于在严寒、寒冷地区对门窗保温节能性能要求更高，门窗容易结露，所以需要对门窗的气密性、传热系数和露点进行复验；对于夏热冬冷地区应对气密性、传热系数进行复验；而夏热冬暖地区由于夏天阳光强烈，太阳辐射对建筑能耗的影响很大，考虑到门窗的夏季隔热，所以在应对气密性、传热系数进行复检的基础上增加对玻璃透过率、可见光透射比的复验。建筑外窗进入施工现场时，应按下列要求进行复验：

① 严寒、寒冷地区应对气密性、传热系数和露点进行复验；

② 夏热冬冷地区应对气密性、传热系数进行复验；

③ 夏热冬暖地区应对气密性、传热系数、玻璃透过率、可见光透射比进行复验。

(2) 外门窗工程施工中，应对门窗框与墙体缝隙的保温填充进行隐蔽工程验收，并应有详细的文字和图片资料。为了更好地控制施工质量，保证建筑节能，在外门窗工程施工中，应对门窗框与墙体缝隙的保温填充进行隐蔽工程验收。

外门窗工程的检验批应按下列规定划分：

① 同一品种、类型、规格和厂家的金属门窗、塑料门窗、木质门窗、各种复合门窗、特种门窗及门窗玻璃每 100 樘应划分为一个检验批，不足 100 樘也应划分为一个检验批。

② 同一品种、类型和规格的特种门每 50 樘应划分为一个检验批，不足 50 樘也应划分为一个检验批。

③ 对于异型或有特殊要求的门窗，检验批的划分应根据其特点和数量，由监理（建设）单位和施工单位协商确定。

检查数量应符合下列规定：

a. 建筑门窗每个检验批应至少抽查 5%，并不少于 3 樘，不足 3 樘时应全数检查；高层建筑的外窗，每个检验批应至少抽查 10%，并不得少于 6 樘，不足 6 樘时应全数检查。

b. 特种门每个检验批应至少抽查 50%，并不得少于 10 樘，不足 10 樘时应全数检查。

二、主控项目

建筑外窗的气密性、传热系数、露点、玻璃透过率和可见光透射比应符合设计要求和相关标准中对建筑物所在地区的要求。

(1) 建筑门窗玻璃应符合下列要求：

建筑门窗采用的玻璃品种、传热系数、可见光透射比和遮阳系数应符合设计要求。镀(贴)膜玻璃的安装方向应正确。门窗的节能很大程度上取决于门窗所用玻璃的形式(如单玻、双玻、三玻等)、种类(普通平板玻璃、浮法玻璃)及加工工艺(如单道密封、双道密封等)，为了达到节能要求，建筑门窗采用的玻璃品种、传热系数、可见光透射比和遮阳系数应符合设计要求。镀(贴)膜玻璃的安装方向、位置应正确。

(2) 中空玻璃的中空层厚度和密封性能应符合设计要求和相关标准的规定。中空玻璃应采用双道密封。外门窗框与副框之间以及门窗框或副框与洞口之间间隙的密封也是影响建筑节能的一个重要因素，控制不好，容易导致透水、形成热桥，所以应该对缝隙的填充进行要求。

(3) 严寒、寒冷地区的外门安装，应按照设计要求采取保温、密封等节能措施。

(4) 外窗的遮阳设施，其功能应符合设计要求和产品标准；遮阳设施安装的位置、可调节性能应满足使用功能要求，安装牢固。

三、一般项目

门窗扇和玻璃的密封条，其物理性能应符合相关标准中对建筑物所在地区的规定。密封条安装位置正确，镶嵌牢固，接头处不得开裂；关闭门窗时密封条应确保密封作用，不得脱槽。门窗扇和玻璃的密封条的安装及性能对门窗节能有很大影响，使用中经常出现由于断裂、收缩、低温变硬等缺陷造成门窗渗水。所以密封条质量应该符合《塑料门窗用密封条》(GB 12002—1989)标准的要求。

外窗遮阳设施的角度、位置调节应灵活，调节到位。

第三节　屋面节能工程

本部分内容适用于建筑屋面的节能工程，包括采用松散、现浇保温材料、板材、块材等保温隔热材料的屋面节能工程的质量验收。

一、一般要求

屋面保温隔热工程的施工，应在基层质量验收合格后进行。要求敷设保温隔热层的基层质量必须达到合格，基层的质量不仅影响屋面工程质量，而且对保温隔热的质量也有直接的影响，保温隔热敷设后已无法对基层再处理。

在屋面保温工程中，保温材料的性能对于屋面保温隔热的效果起到了决定性的作用。为了保证用于屋面保温隔热材料的质量，避免不合格材料用于屋面保温隔热工程，参照常规建筑工程材料进场验收办法，对进场的屋面保温隔热材料也由监理人员现场见证随机抽样送有资质的试验室，对有关性能参数进行复验，复验结果作为屋面保温隔热工程质量验收的一个依据。屋面保温隔热工程采用的保温材料，进场时应对其下列性能进行复验：

① 板材、块材及现浇等保温材料的热导率、密度、压缩（10%）强度、阻燃性。

② 松散保温材料的热导率、干密度和阻燃性。

③ 屋面保温隔热工程应对下列部位进行隐蔽工程验收，并应有详细的文字和图片资料：

a. 基层；

b. 保温层的敷设方式、厚度和缝隙填充质量；

c. 屋面热桥部位；

d. 隔气层。

④ 屋面保温隔热层施工完成后，应及时进行找平层和防水层的施工，避免保温层受潮、浸泡或受损。含水率对热导率的影响颇大，特别是负温度下更使热导率增大，为保证建筑物的保温效果，在保温隔热层施工完成后，应尽快进行防水层施工，在施工过程中应防止保温层受潮。

建筑屋面节能工程的检查数量应按下列规定执行：

a. 按屋面积每 $100m^2$ 抽查一处，每处 $10m^2$，且不得少于 3 处；

b. 热桥部位的保温做法全数检查；

c. 保温隔热材料进场复检按同一单体建筑、同一生产厂家、同一规格、同一批材料为一个检验批，每个检验批随机抽取一组。

热桥部位的处理对屋面节能效果和防止室内屋面结露都非常重要，数量又不多，所以规定全数检查。屋面保温材料进行复检按每一单体建筑、同生产厂家、同一规格、同一生产批为一个抽样检验批。既保证了每个建筑屋面工程的保温隔热材料都进行了检查，全面覆盖，又不至于抽检过多，对其他增加更多的投资。

二、主控项目

用于屋面的保温隔热材料，其干密度或密度、热导率、压缩（10%）强度、阻燃性必须符合设计要求和有关标准的规定。在屋面保温隔热工程中，保温隔热材料的热导率、密度或干密度指标直接影响到屋面保温隔热效果，压缩（10%）强度影响到保温层的施工质量，阻燃性能一是防止火灾隐患的重要因素，因此应对保温隔热材料的热导率、密度或干密度、压缩（10%）强度及阻燃性应进行严格的控制，必须符合节能设计要求、产品标准要求以及相关施工技术规程要求。应检查材料的合格证、有效期内的产品性能检测报告及进场验收记录所代表的规格、型号和性能参数是否与设计要求和有关标准相符，并重点检查进场复验报告，复验报告必须是第三方见证取样，检验样品必须是按批量随机抽取。

屋面保温隔热层的敷设方式、厚度、缝隙填充质量及屋面热桥部位的保温隔热做法，必须符合设计要求和标准的规定。影响屋面保温隔热效果的主要因素除了保温隔热材料的性能以外，另一重要因素是保温隔热材料的厚度、敷设方式以及热桥部位的处理等。在一般情况下，只要保温隔热材料的热工性能（热导率、密度或干密度）和厚度、敷设方式均达到设计标准要求，其保温隔热效果也基本上能达到设计要求。

检查方法：对于保温隔热层的敷设方式、缝隙填充质量和热桥部位采取观察检查，检查敷设的方式、位置、缝隙填充的方式是否正确，是否符合设计要求和国家有关标准要求。保温隔热层的厚度可采取钢针插入后用尺测量，也可采取将保温层切开用尺直接测量。具体采取哪种方法由验收人员根据实际情况选取。

屋面的通风隔热架空层，其架空层高度、安装方式、通风口位置及尺寸应符合设计及有关标准要求。架空层内不得有杂物。架空面层应完整，不得有断裂和露筋等缺陷。影响架空隔热效果的主要因素有三个方面：一是架空层的高度、通风口的尺寸和架空通风安装方式；二是架空层材质的品质和架空层的完整性；三是架空层内应畅通，不得有杂物。因此在验收时，一是检查架空层的型式，用尺测量架空层的高度是否符合设计要求；二是检查架空层的完整性，如果使用了有断裂和露筋等缺陷的制品，天长日久后会使隔热层受到破坏，对隔热效果带来不良的影响；三是检查架空层内不得残留施工过程中的各种杂物，确保架空层内气流畅通。

三、一般项目

屋面保温隔热层敷设施工应符合下列要求：

（1）松散材料应分层敷设、压实适当、表面平整、坡向正确；

（2）现场喷、浇、抹等施工的保温层配合比应计量准确、搅拌均匀、分层连续施工，表面平整，坡向正确；

（3）板材应粘贴牢固、缝隙严密、平整。

屋面金属板保温夹芯板材应铺装牢固、接口严密、表面清净、坡向正确。当屋面的保温层敷设于屋面内侧时，如果保温层未进行密闭防潮处理，室内空气中湿气将渗入保温层，并在保温层与屋面基层之间结露，这不仅增大了保温热导率，降低节能效果，而且由于受潮之后还容易产生细菌，最严重的可能会有水溢出，因此必须对保温材料采取有效防潮措施，使之与室内的空气隔绝。

天窗（包括采光屋面）坡向和坡度应正确，封闭严密，嵌缝不得渗漏。

第四节　地面节能工程

本部分内容适用于建筑室内地面节能工程的质量验收。包括毗邻采暖、不采暖空间及毗邻室外空气的地面工程。

一、一般工程

地面节能工程的施工，应在主体或基层质量验收合格后进行。规范对地面保温隔热工程施工条件提出了明确的要求，要求敷设保温隔热层的基层质量必须达到合格，基层的质量不仅影响地面工程质量，而且对保温隔热的质量也有直接的影响，保温隔热敷设后已无法对基层再处理。

在地面保温工程中，保温材料的性能对于地面保温隔热的效果起到了决定性的作用。为了保证用于地面保温隔热材料的质量，避免不合格材料用于地面保温隔热工程，参照常规建筑工程材料进场验收办法，对进场的地面保温隔热材料也由监理人员现场见证随机抽样送有资质的试验室对有关性能参数进行复验，复验结果作为地面保温隔热工程质量验收的一个依据。地面节能工程采用的保温材料，进场时应对其下列性能进行复验：

① 板材、块材及现浇等保温材料的热导率、密度、压缩（10%）强度、阻燃性。

② 松散保温材料的热导率、干密度和阻燃性。

③ 地面节能工程应对下列部位进行隐蔽工程验收，并应有详细的文字和图片资料：

a. 基层；

b. 保温材料粘接；

c. 隔断热桥部位；

d. 地面辐射采暖工程的隐蔽验收应符合《地面辐射供暖技术规程》（DB21/T 1686—2008）的规定。

④ 地面节能工程检验批划分应符合《建筑地面工程施工质量验收规范》（GB 50209—2010）的规定：

a. 每一楼层或按照每层的施工段或变形缝可划分为一个检验批，高层建筑的标准层每三层作为一个检验批。

b. 不同隔热保温节能做法的地面节能工程应单独划分检验批。

⑤ 地面节能工程的检查数量：

a. 每检验批抽检有代表性的房间不得少于5%，并不应少于3间，不足3间时应全数检验，走廊（过道）应按10延米为一个自然间计算。

b. 有防水或防潮要求的抽查间数不应少于5%，且不应少于4间，不足4间时应全数检查。

c. 保温隔热材料进场复检按同一单体建筑、同一生产厂家、同一规格、同一批材料为一个检验批，每个检验批随机抽取一组。

二、主控项目

用于地面节能工程的保温、隔热材料，其厚度、密度、压缩（10%）强度、热导率和阻燃性必须符合设计要求和有关标准的规定。各种保温板或保温层的厚度不得有负偏差。在地面保温隔热工程中，保温隔热材料的热导率、厚度、密度或干密度指标直接影响到地面保温隔热效果，压缩（10%）强度影响到保温层的施工质量，阻燃性能是防止火灾隐患的重要因素，因此应对保温隔热材料的热导率、厚度、密度或干密度、压缩（10%）强度及阻燃性进行严格的控制，必须符合节能设计要求、产品标准要求以及相关施工技术规程要求。应检查材料的合格证、有效期内的产品性能检测报告及进场验收记录所代表的规格、型号和性能参数是否与设计要求和有关标准相符，并重点检查进场复验报告，复验报告必须是第三方见证取样，检验样品必须是按批量随机抽取。

地面节能工程施工前应按照设计和施工方案的要求对基层进行处理。基层应平整，并符合保温层施工工艺的要求。

(1) 建筑地面保温、隔热以及隔离层、保护层等各层的设置和构造做法应符合设计要求。并应按照经过审批的施工方案进行施工。影响地面保温隔热效果的主要因素除了保温隔热材料的性能和厚度以外，另一重要因素是保温隔热材料的设置和构造做法以及热桥部位的处理等。在一般情况下，只要保温隔热材料的热工性能（热导率、密度或干密度）和厚度、敷设方式均达到设计标准要求，其保温隔热效果也基本上能达到设计要求。因此，在按主控项目对保温隔热材料的热工性能进行控制外，要求对保温隔热材料的设置和构造做法以及热桥部位也按主控项目进行验收。

检查方法：对于保温隔热层的敷设方式、缝隙填充质量和热桥部位采取观察检查，检查敷设的方式、位置、缝隙填充的方式是否正确，是否符合设计要求和国家有关标准要求。

（2）地面节能工程的施工质量，应符合下列要求：

① 保温板与基体及各层之间的粘接应牢固，缝隙应严密。

② 楼板下的保温浆料层应分层施工。

③ 穿越地面直接接触室外空气的各种金属管道应按设计要求，采取隔断热桥的保温绝热措施。

④ 严寒、寒冷地区，底面接触室外空气或外挑楼板的地面，应按照本规范墙体的要求执行。

⑤ 有防水要求的地面，其节能保温做法不得影响地面排水坡度。其防水层宜设置在地面保温层上侧，当防水层设置在地面保温层下侧时，其面层不得渗漏。对于厨卫有放水要求的地面进行保温时，应尽可能将保温层设置在防水层下，可避免保温层浸水吸潮，影响保温效果。当确实需要将保温层设置在防水层上面时，则必须对防水层进行防水处理，不得使保温层吸水受潮。另外在铺设保温层时，要确保地面排水坡度不受影响，保证地面排水畅通。

⑥ 严寒、寒冷地区的建筑首层直接与土壤接触的周边地面毗邻外墙部位和房芯回填土的部位应按照设计要求采取隔热保温措施。在严寒、寒冷地区，冬季室外最低气温在－15℃以下，冻土层厚度在400mm以上，建筑首层直接与土壤接触的周边地面是热桥部位，不采取有效措施进行处理，会在建筑室内地面产生结露，影响节能效果，因此必须对这些部位采取保温隔热措施。

三、一般项目

地面辐射供暖工程的地面，其隔热层做法应符合《地面辐射供暖技术规程》（DB21/T 1686—2008）的规定。

能力训练题

简答题

1. 墙体节能工程采用的保温材料和粘接材料，进场时应对其哪些性能进行复验？
2. 外门窗工程的检验批应如何划分？
3. 屋面保温隔热层敷设施工应符合哪些要求？
4. 什么是热桥？如何避免热桥现象？
5. 地面节能工程检验批应如何划分？

参 考 文 献

[1] 中华人民共和国国家标准．建筑工程施工质量验收统一标准（GB 50300—2013）[S]．北京：中国建筑工业出版社，2014.

[2] 中华人民共和国建设部，国家质量监督检验检疫总局．建筑地基基础工程施工质量验收规范（GB 50202—2002）[S]．北京：中国建筑工业出版社，2002.

[3] 中华人民共和国住房和城乡建设部．砌体结构工程施工质量验收规范（GB 50203—2011）[S]．北京：中国计划出版社，2011.

[4] 中华人民共和国住房和城乡建设部．混凝土结构工程施工质量验收规范（GB 50204—2015）[S]．北京：中国计划出版社，2015.

[5] 中华人民共和国国家标准．钢结构工程施工质量验收规范（GB 50205—2001）[S]．北京：中国计划出版社，2002.

[6] 中华人民共和国住房和城乡建设部．地下防水工程质量验收规范（GB 50208—2011）[S]．北京：中国建筑工业出版社，2011.

[7] 中华人民共和国住房和城乡建设部．屋面工程质量验收规范（GB 50207—2012）[S]．北京：中国建筑工业出版社，2012.

[8] 中华人民共和国建设部．国家质量监督检验检疫总局．建筑装饰装修工程质量验收规范（GB 50210—2001）[S]．北京：中国建筑工业出版社，2001.

[9] 中华人民共和国国家标准．建筑节能工程施工质量验收规范（GB 50411—2007）[S]．北京：中国建筑工业出版社，2007.